中|华|国|学|经|典|普|及|本

天工开物

〔明〕宋应星　著

于海英　注

中国书店

图书在版编目（CIP）数据

天工开物 /（明）宋应星著；于海英注 . —北京：
中国书店，2024.10

（中华国学经典普及本）

ISBN 978-7-5149-3425-0

Ⅰ . ①天… Ⅱ . ①宋… ②于… Ⅲ . ①《天工开物》
Ⅳ . ① N092

中国国家版本馆 CIP 数据核字（2024）第 058405 号

天工开物

〔明〕宋应星 著　于海英 注

责任编辑：张菁

出版发行：*中 国 书 店*

地　　址：北京市西城区琉璃厂东街 115 号

邮　　编：100050

电　　话：（010）63013700（总编室）

　　　　　（010）63013567（发行部）

印　　刷：三河市嘉科万达彩色印刷有限公司

开　　本：880 mm × 1230 mm　1/32

版　　次：2024 年 10 月第 1 版第 1 次印刷

字　　数：130 千

印　　张：7

书　　号：ISBN 978-7-5149-3425-0

定　　价：55.00 元

"中华国学经典普及本"编委会

顾　问（排名不分先后）

王守常（北京大学哲学系教授，中国文化书院原院长）

李中华（北京大学哲学系教授、博导，中国文化书院原副院长）

李春青（北京师范大学文学院教授、博导）

过常宝（北京师范大学文学院原院长、教授、博导，河北大学副校长）

李　山（北京师范大学文学院教授、博导）

梁　涛（中国人民大学国学院副院长、教授、博导）

王　颂（北京大学哲学系教授、博导，北京大学佛教研究中心主任）

编写组成员（排名不分先后）

赵　新	王耀田	魏庆岷	宿春礼	于海英
齐艳杰	姜　波	焦　亮	申　楠	王　杰
白雯婷	吕凯丽	宿　磊	王光波	田爱群
何瑞欣	廖春红	史慧莉	胡乃波	曹柏光
田　恬	李锋敏	王毅龄	钱红福	梁剑威
崔明礼	宿春君	李统文		

前言

宋应星（1587—约1661），字长庚，明代江西省南昌府奉新县（今江西省宜春市奉新县）人，明末清初科学家。宋应星自幼勤奋好学，天赋异禀，后潜心钻研十三经传、宋代理学、诸子百家等。他兴趣广泛，尤其热爱自然科学。

万历四十三年（1615），二十八岁的宋应星考中举人，但之后几次进京会试均名落孙山。每次进京应试，均是万里远游，虽未实现及第的目标，但这些长途跋涉并非全无收获。在路途中，他经过了许多城市和农村，耳闻目睹了社会现实，见识大长，通过对田间、作坊的调查获得了不少农业和手工业知识，并做了详细的记录。加之多年的科举生涯使宋应星对黑暗官场和腐败吏治有了深刻的认识，使得他能够深入民间，潜心了解民俗民情和各项生产技术。这些经历为他日后创作《天工开物》打下深厚的实践基础。

崇祯七年（1634）至崇祯十六年（1643），宋应星先后于江西分宜县、福建汀州府、南直隶亳州担任教谕、推官、知州等职。在分宜县担任教谕的四年，是宋应星一生中重要的阶段。在这四年里，宋应星写出了《天工开物》这部科学巨著。

明代末期，社会生产力较之以往有了极大提高，商品经济快速发展，农业、手工业、制造业等在继承前代技术成果的基础上有了全面提升。同时，西方新品种、新技术的引进，给传统技艺注入了新鲜的血液，《天工开物》就是在这样的历史背景下出现的。

作为一部"工艺百科全书"，《天工开物》并不是一本简单的农业书籍，它不仅广泛涉猎手工业、制造业等领域，更重要的是，该书是在一种先进而有特色的技术哲学思想指导下写就的，作者在书中所强调的人与自然需保持和谐关系的思想，深刻反映出近代科学文化启蒙学派的进步精神。

《天工开物》成书后，宋应星因经济状况不佳，无力出资刊刻，幸得好友涂绍煃资助，这部巨著才于崇祯十年（1637）刻印出版。该书问世以来，不仅在国内产生了积极的影响，在国外也产生了良好的影响。17世纪末，该书经由商船带到日本；18世纪中叶，该书流传到了欧洲；18世纪末，该书传到朝鲜。

如今，《天工开物》已经是研究中国科学文化史的学者离不开的参考书。英国科学史家李约瑟博士称宋应星为"中国的阿格里科拉"（阿格里科拉为"矿物学之父"）和"中国的狄德罗"（狄德罗为法国启蒙思想家，主持了法国第一部《百科全书》的编辑出版），称《天工开物》是"17世纪早期的重要工业技术著作"。日本学者薮内清也认为宋应星的著作足可与18世纪法国启蒙学者狄德罗主编的《百科全书》匹敌。

这部写于三百多年前的记录传统手工技术的著作，对于当时人们的活动有极大的指导价值。时至今日，虽然大部分工农业生产已经采用现代化手段进行，但手工业生产在一些地区仍然作为辅助手段存在，所以这本书读来仍令人兴味盎然。

为使全书的结构更为紧凑，我们对原书的章节次序进行了一定的调整。水平所限，编辑中难免有不足之处，望读者批评指正。

目录

卷中

序

天覆地载，物数号万，而事亦因之，曲成而不遗，岂人力也哉。事物而既万矣，必待口授目成而后识之，其与几何？万事万物之中，其无益生人与有益者，各载其半。世有聪明博物者，稠人推焉。乃枣梨之花未赏，而臆度"楚萍"①；釜鬵②之范鲜经，而侈谈"莒鼎"③；画工好图鬼魅而恶犬马，即郑侨、晋华岂足为烈哉？

幸生圣明极盛之世，滇南车马纵贯辽阳，岭徼宦商衡游蓟北。为方万里中，何事何物不可见见闻闻！若为士而生东晋之初、南宋之季，其视燕、秦、晋、豫方物已成夷产，从互市而得裘帽，何殊肃慎④之矢也。且夫王孙帝子生长深宫，御厨玉粒正香而欲观末秅，尚宫锦衣方剪而想象机丝。当斯时也，披图一观，如获重宝矣。

年来著书一种，名曰《天工开物》⑤卷。伤哉贫也，欲购奇考证，而乏洛下之资⑥；欲招致同人商略赝真，而缺陈思之馆。随其孤陋见闻，藏诸方寸而写之，岂有当哉？吾友涂伯聚先生，诚意动天，心灵格物。凡古今一言之嘉，寸长可取，必勤勤恳恳而契合焉。昨岁《画音归正》⑦，繇先生而授梓。兹有后命，复取此卷而继起为之，其亦夙缘之所召哉。

卷分前后，乃"贵五谷而贱金玉"之义。《观象》《乐律》二卷，其道太精，自揣非吾事，故临梓删去。丐大业文人弃掷案头，此书于功名进取毫不相关也。

时崇祯丁丑孟夏月，奉新宋应星书于家食之问堂⑧。

【注释】

①楚萍：出自《孔子家语》，孔子认为这是称霸者才能得到的萍实，可以食用。

②釜鬵（fǔ qín）：釜和鬵，古代炊具。

③莒（jǔ）鼎：莒国铸造的器具，用于煮食物。

④肃慎：古代中国部族，生活于东北地区。

⑤《天工开物》：作者将"天工"与"开物"二词并用，意指自然力配合人工技巧，由自然界中开发物产。

⑥乏洛下之资：这里指没有钱。

⑦《画音归正》：作者的另一部著作，主要讨论音韵、乐理，已失传。

⑧家食之问堂：作者的书斋名。

卷
上

乃粒①第一

宋子曰②，上古神农氏若存若亡，然味其徽号，两言至今存矣。生人不能久生，而五谷生之。五谷不能自生，而生人生之。土脉历时代而异，种性随水土而分。不然，神农去陶唐粒食已千年矣，耒耜③之利，以教天下，岂有隐焉。而纷纷嘉种必待后稷详明，其故何也？

纨绔之子以赭衣视笠蓑，经生之家以"农夫"为诟詈。晨炊晚饷，知其味而忘其源者众矣。夫先农而系之以神，岂人力之所为哉。

【注释】

①乃粒：谷物。

②宋子曰：全书各章前均有一段"宋子曰"，"宋子"为作者的自称。

③耒耜（lěi sì）：泛指农具。

○总名

凡谷无定名，百谷指成数言。五谷①则麻、菽、麦、稷、黍，独遗稻者。以著书圣贤起自西北也。今天下育民人者②，稻居什七，而来③、牟④、黍、稷居什三。麻、菽二者功用已全入蔬、饵⑤、膏、馔之中，而犹系之谷者，从其朔也。

【注释】

①五谷：这里关于五谷的解释，用的是《周礼》中的说法。

②育民人者：这里是民用的口粮的意思。

③来：小麦。

④牟：大麦。

⑤饵：糕点。

○稻

凡稻种最多。不粘者禾曰秔，米曰粳。黏者禾曰稌，米曰糯。（南方无粘黍，酒皆糯米所为。）质本粳而晚收带黏（俗名婺源光之类），不可为酒、只可为粥者，又一种性也。凡稻谷形有长芒、短芒（江南长芒曰浏阳早，短芒者曰吉安早）、长粒、尖粒、圆顶、扁面不一。其中米色有雪白、牙黄、大赤、半紫、杂黑不一。

湿种之期，最早者春分以前，名为社种①（遇天寒有冻死不生者），最迟者后于清明。凡播种先以稻、麦稿包浸数日。俟其生芽，撒于田中，生出寸许，其名曰秧。秧生三十日即拔起分栽。若田逢旱干、水溢，不可插秧。秧过期老而长节，即栽于亩中，生谷数粒结果而已。凡秧田一亩所生秧，供移栽二十五亩。

凡秧既分栽后，早者七十日即收获粳（有救公饥、喉下急，糯有金包银之类。方语百千，不可殚述）。最迟者历夏及冬二百日方收获。其冬季播种、仲夏即收者，则广南之稻，地无霜雪故也。凡稻旬日失水，即愁旱干。夏种冬收之谷，必山间源水不绝之亩，其谷种亦耐久，其土脉亦寒，不催苗也。湖滨之田待夏潦已过，六月方栽者。其秧立夏播种，撒藏高亩之上，以待时也。

南方平原，田多一岁两栽两获者。其再栽秧俗名晚糯，非粳类也。六月刈初禾，耕治老稿田，插再生秧。其秧清明时已偕早秧撒布。早秧一日无水即死，此秧历四、五两月，任从烈日旱干无忧，此一异也。凡再植稻遇秋多晴，则汲灌与稻相终始。农家勤苦，为春酒之需也。凡稻旬日失水则死期至，幻出旱稻一种，粳而不黏者，即高山可插，又一异也。香稻一种，取其芳气，以供贵人，收实甚少，滋益全无，不足尚②也。

【注释】

①社种：古代将立春后的第五个戊日称为春社，立秋后的第五个戊日称为秋社。这里指的是春社浸种。

②尚：推广。

○稻宜①

凡稻，土脉焦枯则穗、实萧索。勤农粪田，多方以助之。人畜秽遗、榨油枯饼、（枯者，以去膏而得名也。胡麻、莱菔子②为上，芸薹③次之，大眼桐又次之，樟、柏、棉花又次之。）草皮、木叶以佐生机，普天之所同也。（南方磨绿豆粉者，取溲浆灌田肥甚。豆贱之时，撒黄豆于田，一粒烂土方三寸，得谷之息倍焉。）土性带冷浆者，宜骨灰蘸稻根（凡禽兽骨），石灰淹苗足，向阳暖土不宜也。土脉坚紧者，宜耕垄，叠块压薪而烧之，埴坟④松土不宜也。

【注释】

①稻宜：指种稻土壤的改良。

②莱菔子：萝卜籽，莱菔即萝卜。

③芸薹：油菜，这里指油菜籽。

④埴坟：黏土。

○稻工

凡稻田刈获不再种者，土宜本秋耕垦，使宿稿化烂，敌粪力一倍。或秋旱无水及怠农春耕，则收获损薄也。凡粪田若撒枯浇泽，恐霖雨至，过水来，肥质随漂而去。谨视天时，在老农心计也。凡一耕之后，勤者再耕、三耕，然后施耙，则土质匀碎，而其中膏脉①释化也。

凡牛力穷者，两人以杠悬耜②，项背相望而起土，两人竟日仅敌一牛之力。若耕后牛穷，制成磨耙，两人肩手磨轧，则一日敌三牛之力也。凡牛，中国惟水、黄两种。水牛力倍于黄［牛］。但畜水牛者，冬与土室御寒，夏与池塘浴水，畜养心计亦倍于黄牛也。凡牛春前力耕汗出，切忌雨点，将雨，则疾驱入室。候过谷雨，则任从风雨不惧也。

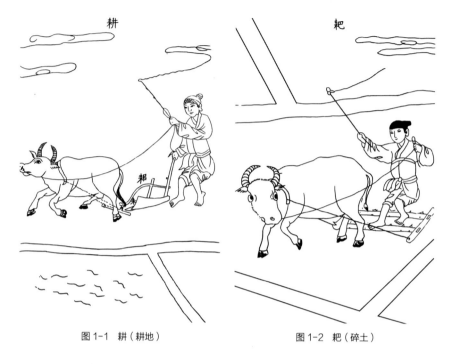

耕

耙

耖

图 1-1 耕（耕地）   图 1-2 耙（碎土）

吴郡力田者以锄代耜，不借牛力。愚见贫农之家，会计牛值与水草之资、窃盗死病之变，不若人力亦便。假如有牛者供办十亩，无牛用锄而勤者半之，既已无牛，则秋获之后田中无复刍牧之患，而菽、麦、麻、蔬诸种纷纷可种，以再获偿半荒之亩，似亦相当也。

凡稻分秧之后数日，旧叶萎黄而更生新叶。青叶既长，则耔（俗名挞禾）可施焉。植杖于手，以足扶泥壅根，并屈宿田水草，使不生也。凡宿田茵草③之类，遇耔而屈折。而稗、稗④与荼、蓼非足力所可除者，则耘以继之。耘者苦在腰、手，辨在两眸，非类既去，而嘉谷茂焉。从此泄以防潦，溉以防旱，旬月而"奄观铚⑤刈"矣。

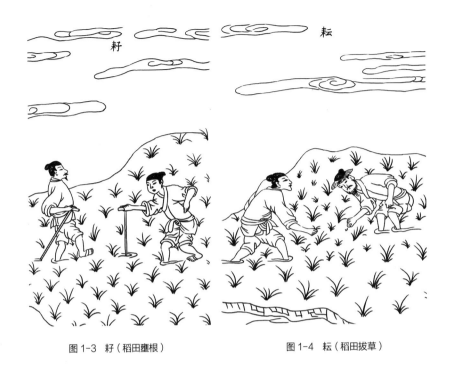

图 1-3 籽（稻田壅根）   图 1-4 耘（稻田拔草）

【注释】

①膏脉：肥分。

②耜：犁铧。

③芮（wǎng）草：指田中的杂草。

④稊（tí）、稗（bài）：均指田中的杂草。

⑤铚（zhì）：指镰刀，收割时使用。

○稻灾

凡早稻种，秋初收藏，当午晒时烈日火气在内，入仓廪中关闭太急，则其谷粘带暑气。（勤农之家偏受此患。）明年田有粪肥，土脉发烧，东南风助暖，则尽发炎火，大坏苗穗，此一灾也。若种谷晚凉入廪，或冬至数九天收贮雪水、冰水一瓮。（交春即不验。）清明湿种时，每石以数碗激洒，立解暑气，则任从东南风暖，而此苗清秀异常矣。（祟在种内，反怨鬼神。）

凡稻撒种时，或水浮数寸，其谷未即沉下，骤发狂风，堆积一隅，此二灾也。谨视风定而后撒，则沉匀成秧矣。凡谷种生秧之后，妨雀鸟聚食，此三灾也。立标飘扬鹰俑，则雀可驱矣。凡秧沉脚未定，阴雨连绵，则损折过半，此四灾也。邀天晴霁三日，则粒粒皆生矣。凡苗既函之后，亩土肥泽连发，南风熏热，函内生虫（形似蚕茧[1]），此五灾也。邀天遇西风雨一阵，则虫化而谷生矣。

凡苗吐穑之后，暮夜鬼火[2]游烧，此六灾也。此火乃朽木腹中放出。凡木母火子，子藏母腹，母身未坏，子性千秋不灭。每逢多雨之年，孤野墓坟多被狐狸穿塌。其中棺板为水浸，朽烂之极，所谓母质坏也。火子无附，脱母飞扬。然阴火不见阳光，直待日没黄昏，此火冲隙而出，其力不能上腾，飘游不定，数尺而止。凡禾穑、叶遇之立刻焦炎。逐火之人见他处树根放光，以为鬼也。奋梃[3]击之，反有鬼变枯柴之说。不知向来鬼火见灯光而已化矣。（凡火未经人间传灯者，总属阴火，故见灯即灭。）

凡苗自函活以至颖栗，早者食水三斗，晚者食水五斗，失水即枯，（将刈之时少水一升，谷粒虽存，米粒缩小，入碾、臼中亦多断碎。）此七灾也。汲灌之智，人巧已无余矣。凡稻成熟之时，遇狂风吹粒殒落；或阴雨竟旬，谷粒粘湿自烂，此八灾也。然风灾不越三十里，阴雨不越三百里，偏方厄难亦不广被。风落不可为。若贫困之家苦于无霁，将湿谷盛于锅内，燃薪其下，炸去糠膜，收炒糗④以充饥，亦补助造化之一端矣。

【注释】

①形似蚕茧：形状如蚕的害虫，即稻苞虫。

②鬼火：所谓鬼火，其实是磷火，为棺木内尸体分解所产生。

③梃：棍棒。

④糗：炒熟的米。

○水利

凡稻，妨旱藉水，独甚五谷。厥土沙泥、硗①腻，随

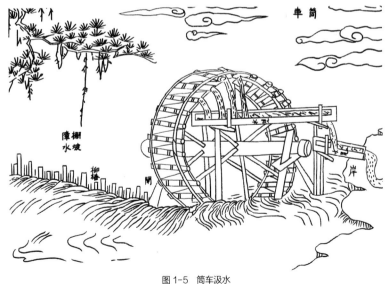

图 1-5　筒车汲水

方不一。有三日即干者，有半月后干者。天泽不降，则人力挽水以济。凡河滨有制筒车者，堰陂障流，绕于车下，

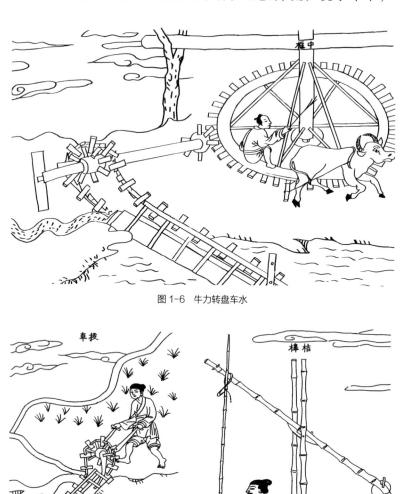

图 1-6 牛力转盘车水

图 1-7 拔车

图 1-8 桔槔

激轮使转，挽水入筒，一一倾于枧内，流入亩中。昼夜不息，百亩无忧。（不用水时，栓木碍止，使轮不转动。）其湖、池不流水，或以牛力转盘，或聚数人踏转〔水车〕。车身长者二丈，短者半之。其内用龙骨拴串板，关水逆流而上。大抵一人竟日之力灌田五亩，而牛则倍之。

其浅池、小浍②不载长〔水〕车者，则数尺之车一人两手疾转，竟日之功可灌二亩而已。扬郡以风帆数扇，俟风转车，风息则止。此车为救潦③，欲去泽水以便栽种。盖去水非取水也，不适济旱。用桔槔、辘轳，功劳又甚细已。

【注释】

①硗（qiāo）：贫瘠的土地。

②小浍：小水沟。

③潦：同"涝"。

○麦

凡麦有数种。小麦曰来，麦之长也。大麦曰牟、曰穬。杂麦曰雀〔麦〕、曰荞〔麦〕。皆以播种同时，花形相似，粉食同功，而得麦名也。四海之内，燕、秦、晋、豫、齐、鲁诸道烝民粒食，小麦居半，而黍、稷、稻、粱仅居半。西极川、云，东至闽、浙、吴、楚腹①焉，方长六千里中，种小麦者二十分而一，磨面以为捻头、环饵②、馒首、汤料之需，而饔飧③不及焉。种余麦者五十分而一，间阎作苦④以充朝膳，而贵介不与焉。

穬麦独产陕西，一名青稞即大麦，随土而变。而皮成青黑色者，秦人专以饲马。饥荒，人乃食之。（大麦亦有粘者，河洛用以酿酒。）雀麦细穗，穗中又分十数细子，间亦野生。荞麦实非麦类，然以其为粉疗饥，传名为麦，则麦之而已。

凡北方小麦，历四时之气，自秋播种，明年初夏方收。南方者种与收期时日差短。江南麦花夜发，江北麦花昼发⑤，亦一异也。大麦种、获期与小麦相同。荞麦则秋半下种，不两月而即收。其苗遇霜即杀，邀天降霜迟，迟则有收矣。

【注释】

①楚腹：楚地的中部，今湖北、湖南和安徽、江西一带。

②捻头、环饵：花卷、糕饼。

③饔飧（yōng sūn）：饭食，这里指正餐。

④间阎作苦：指贫苦人家。

⑤江南麦花夜发，江北麦花昼发：此说法出自《本草纲目》，实际上未必正确。

○麦工

凡麦与稻初耕、垦土则同，播种以后则耘、耔诸勤苦皆属稻，麦惟施耨而已。凡北方厥土坟垆易解释者，种麦之法耕具差异，耕即兼种。其服牛起土者，耒不用耜，并列两铁［尖］于横木之上，其具方语曰耩①。耩中间盛一小斗贮麦种于内，其斗底空梅花眼。牛行摇动，种子即从眼中撒下。欲密而多则鞭牛疾走，子撒必多。欲稀而少，则缓其牛，撒种即少。既播种后，用驴驾两小石团压土埋麦。凡麦种压紧方生。南方地不同北［方］者，多耕、

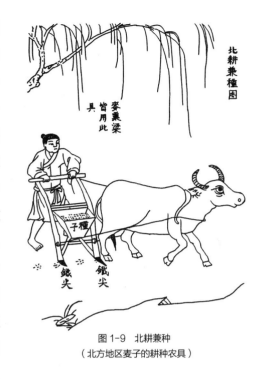

图 1-9 北耕兼种
（北方地区麦子的耕种农具）

多耙之后，然后以灰拌种，手指拈而种之。种过之后，随以脚跟压土使紧，以代北方驴石也。

　　播种之后，勤议耨锄。凡耨草用阔面大镈。麦苗生后，耨不厌勤（有三过、四过者），余草生机尽诛锄下，则竟亩精华尽聚嘉实矣。功勤易耨，南与北同也。凡粪麦田，既种以后，粪无可施，为计在先也。陕洛之间忧虫蚀者，或以砒霜②拌种子，南方所用惟炊烬也（俗名地灰）。南方稻田有种肥田麦者，不冀麦实。当春小麦、大麦青青之时，耕杀田中蒸罨③土性，秋收稻谷必加倍也。

　　凡麦收空隙可再种他物。自初夏至季秋，时日亦半

图 1-10　北盖种（北方地区压盖麦种）　　　图 1-11　南种牟麦（南方地区点播种麦）

载，择土宜而为之，惟人所取也。南方大麦有既刈之后乃种迟生粳稻者。勤农作苦，明赐无不及也。凡荞麦，南方必刈稻、北方必刈菽、稷而后种。其性稍吸肥腴，能使土瘦。然计其获入，业偿半谷有余，勤农之家何妨再粪也。

【注释】

①耩（jiǎng）：用于播种、翻土的一种农具。

②砒霜：用于杀虫鼠。

③罨（yǎn）：覆盖，掩盖。

○麦灾

凡麦妨患，祗稻三分之一。播种以后，雪、霜、晴、潦皆非所计。麦性食水甚少，北土中春再沐雨水一升，则秀华成嘉粒矣。荆、扬以南唯患霉雨，倘成熟之时晴干旬日，则仓廪皆盈，不可胜食。扬州谚云："寸麦不怕尺水。"谓麦初长时，任水灭顶无伤。"尺麦只怕寸水"，谓成熟时寸水软根，倒茎沾泥，则麦粒尽烂于地面也。江南有雀一种，有肉无骨①，飞食麦田数盈千万。然不广及，罹害者数十里而止。江北蝗生，则大祲②之岁也。

【注释】

①有雀一种，有肉无骨：这里指的是一种肥雀，并非无骨。
②祲（jìn）：不祥之气。

○黍、稷、粱、粟

凡粮食，米而不粉①者种类甚多。相去数百里，则色、味、形、质随方而变，大同小异，千百其名。北人惟以大米呼粳稻，其余概以小米名之。凡黍与稷同类，粱与粟同类②。黍有粘有不粘（粘者为酒），稷有粳无粘。凡粘黍、粘粟统名曰秫，非二种外更有秫也。黍色赤、白、黄、黑皆有，而或专以黑色为稷，未是。至以稷米为先他谷熟，堪供祭祀，则当以早熟者为稷，则近之矣。

凡黍在《诗》《书》有虋、芑、秬、秠③等名，在今方语有牛毛、燕颔、马革、驴皮、稻尾等名。种以三月为上时，五月熟；四月为中时，七月熟；五月为下时，八月熟。扬花、结穗总与来、牟不相见也。凡黍粒大小，总视土地肥硗、时令害育。宋儒拘定④以某方黍定律，未是也。

凡粟与粱统名黄米，粘粟可为酒。而芦粟⑤一种名曰高粱者，以其身长七尺如芦、荻⑥也。粱粟种类名号之多，视黍稷犹甚。其命名或因姓氏、山水，或以形似、时令，总之不可枚举。山东人唯以谷子呼之，并不知粱粟之名也。以上四米皆春种秋获。耕耨之法与来、牟同，而种收之候则相悬绝云。

【注释】

①米而不粉：碾成米而不磨成面。

②黍与稷同类，粱与粟同类：此说法与现代的分类比较接近。黍与稷为同种，有黏性的为黍，可用于酿酒；稷没有黏性。粱即北方的小米，没有黏性，是粟的一种。

③虋（mén）、芑、秬、秠：虋，赤粱粟；芑，白粱粟；秬、秠，黑粟中的两个种类。

④拘定：指刻板地限定。

⑤芦粟：高粱。

⑥芦、荻：禾本科的芦苇、荻草。

○麻

凡麻可粒、可油者，惟火麻①、胡麻②二种。胡麻即脂麻，相传西汉始自大宛来③。古者以麻为五谷之一，若专以火麻当之，义岂有当哉？窃意《诗》《书》五谷之麻，或其种已灭，或即菽、粟之中别种，而渐讹其名号，皆未可知也。

今胡麻味美而功高，即以冠百谷不为过。火麻子粒压油无多，皮为疏恶布，其值几何？胡麻数龠④充肠，移时不馁。粔饵⑤、饴饧得粘其粒，味高而品贵。其为油也，发得之而泽，腹得之而膏，腥膻得之而芳，毒后得之而解。农家能广种，厚实可胜言哉。

种胡麻法，或治畦圃，或垄田亩，土碎、草净之极，然后以地灰微湿，拌匀麻子而撒种之。早者三月种，迟者不出大暑前。早种者花实亦待中秋乃结。耨草之功唯锄是视。其色有黑、白、赤三者。其结角长寸许，有四棱者房小而子少，八棱者房大而子多，皆因肥瘠所致，非种性也。收子榨油每石得四十斤余，其枯用以肥田。若饥荒之年，则留供人食。

【注释】

①火麻：火麻，中国原产桑科的大麻。

②胡麻：芝麻，属胡麻科。

③相传西汉始自大宛来：此说法出自沈括的《梦溪笔谈》。大宛指今乌兹别克斯坦的费尔干纳。但是，20 世纪 60 年代，浙江吴兴的钱山漾新石器时代遗址出土了芝麻。

④龠（yuè）：古代的容量单位。

⑤粔（jù）饵：米糕。

○菽

凡菽种类之多，与稻、黍相等。播种、收获之期四季相承。果腹之功，在人日用，盖与饮食相终始。一种大豆①有黑、黄二色，下种不出清明前后。黄者有五月黄、六月爆、冬黄三种。五月黄收粒少，而冬黄必倍之。黑者刻期八月收。淮北长征骡马必食黑豆，筋力乃强。

凡大豆视土地肥硗、耨草勤怠、雨露足悭，分收入多少。凡为豉、为酱、为腐，皆大豆中取质焉。江南又有高脚黄，六月刈早稻方再种，九、十月收获。江西吉郡种法甚妙，其刈稻竟不耕垦，每禾稿头中拈豆三四粒，以指扱②之，其稿凝露水以滋豆，豆性充发，复浸烂稿根以滋。已生苗之后，遇无雨亢干，则汲水一升以灌之。一灌之后，再耨之余，收获甚多。凡大豆入土未出芽时，防鸠雀害，驱之惟人。

一种绿豆③，圆小如珠。绿豆必小暑方种，未及小暑而种，则其苗蔓延数尺，结荚甚稀。若过期至于处暑，则随时开花结荚，颗粒亦少。豆种亦有二，一曰摘绿，荚先老者先摘，人逐日而取之。一曰拔绿，则至期老足，竟亩拔取也。凡绿豆磨、澄、晒干为粉，荡片、搓索，食家珍贵。做粉溲浆灌田甚肥。凡畜藏绿豆种子，或用地灰、石灰，或用马蓼④，或用黄土拌收，则四、五月间不愁空蛀。勤者逢晴频晒，亦免蛀。

凡已刈稻田，夏秋种绿豆，必长接斧柄，击碎土块，发生乃多。凡种绿豆，一日之内遇大雨扳土⑤，则不复生。

既生之后，防雨水浸，疏沟浍以泄之。凡耕绿豆及大豆田地，耒耜欲浅，不宜深入。盖豆质根短而苗直，耕土既深，土块曲压，则不生者半矣。"深耕"二字不可施之菽类，此先农之所未发者。

一种豌豆，此豆有黑斑点，形圆同绿豆，而大则过之。其种十月下，来年五月收。凡树木叶［落］迟者，其下亦可种。一种蚕豆，其荚似蚕形，豆粒大于大豆。八月下种，来年四月收，西浙桑树之下遍繁种之。盖凡物树叶遮露则不生，此豆与豌豆，树叶茂时彼已结荚而成实矣。襄、汉上流，此豆甚多而贱，果腹之功不啻黍稷也。

一种小豆，赤小豆⑥入药有奇功，白小豆（一名饭豆）当餐助嘉谷。夏至下种，九月收获，种盛江、淮之间。一种稰（音吕）豆，此豆古者野生田间，今则北土盛种。成粉、荡皮可敌绿豆。燕京负贩者，终朝呼稰豆皮，则其产必多矣。一种白扁豆，乃沿篱蔓生者，一名峨眉豆。其他豇豆、虎斑豆、刀豆，与大豆中分青皮、褐色之类，间繁一方者，犹不能尽述。皆充蔬、代谷以粒烝民者，博物者其可忽诸！

【注释】

①大豆：豆科大豆属，分为黄、黑两种，即黄豆与黑豆。

②扱：插。

③绿豆：豆科绿豆属。

④马蓼：蓼科，籽实可入药。

⑤扳土：土壤板结。

⑥赤小豆：豆科菜石属，也称红小豆，除可食用外，也可入药，具有消炎、利尿等功效。

粹精①第二

宋子曰，天生五谷以育民，美在其中，有"黄裳②"之意焉。稻以糠为甲，麦以麸为衣。粟、粱、黍、稷毛羽隐然。播精而择粹，其道宁终秘也。饮食而知味者，食不厌精③。杵臼之利，万民以济，盖取诸《小过》④。为此者，岂非人貌而天者哉？

【注释】

①粹精：谷物加工，这里指的是米面。

②黄裳：出自《周易》，这里用于比喻谷物像穿着黄裳一样美。

③食不厌精：出自《论语》"食不厌精，脍不厌细"。

④《小过》：《周易》第六十二卦《小过》，上动下静，杵臼的工作原理也是上方杵在动，下方臼为静。

○攻稻

凡稻刈获之后，离稿取粒。束稿于手而击取者半，聚稿于场而曳牛滚石以取者半。凡束手而击者，受击之物或用木桶，或用石板。收获之时雨多霁少，田稻交湿不可登场者，以木桶就田击取。晴霁稻干，则用石板甚便也。

凡服牛曳石滚压场中，视人手击取者力省三倍。但作

图2-1 湿稻田里击稻　　　　　图2-2 稻场上击稻

种之谷恐磨去壳尖减削生机，故南方多种之家，场禾多藉牛力，而来年作种者，宁向石板击取也。凡稻最佳者，九穰一秕①。倘风雨不时，耘耔失节，则六穰四秕者容有之。凡去秕，南方尽用风车扇去。北方稻少，用扬法，即以扬麦、黍者扬稻，盖不若风车之便也。

　　凡稻去壳用砻②，去膜用舂、用碾。然水碓主舂则兼并砻功，燥干之谷入碾亦省砻也。凡砻有二种，一用木为之，截木尺许（质多用松），斫合成大磨形，两扇皆凿纵斜齿，下合植笋③穿贯上合，空中受谷。木砻攻米二千余石其身乃尽。凡木砻，谷不甚燥者入砻亦不碎，故入贡军国、漕储千万，皆出此中也。一土砻，析竹匡围成圈，实洁净黄土于内，上下两面各嵌竹齿。上合笃空受谷，其量

倍于木砻。谷稍滋湿者，入其中即碎断。土砻攻米二百石
其身乃朽。凡木砻必用健夫，土砻即屠妇弱子可胜其任。
庶民饔飧皆出此中也。

凡既砻，则风扇以
去糠粃，倾入筛中团转。
谷未剖破者，浮出筛面，
重复入砻。凡筛大者围
五尺，小者半之。大者
其中偃隆而起，健夫
利用。小者弦高二寸，
其中平洼，妇子所需也。
凡稻米既筛之后，入臼
而舂，臼亦两种。八口
以上之家，掘地藏石臼
其上。臼量大者容五斗，
小者半之。横木穿插碓
头（碓嘴冶铁为之，用醋淬合

圖荄及稻赶

图2-3　赶稻及荄

上），足踏其末而舂之。不及则粗，太过则粉，精粮从此出
焉。晨炊无多者，断木为手杵，其臼或木或石以受舂也。
既舂以后，皮膜成粉，名曰细糠，以供犬猪之豢④。荒歉
之岁人亦可食也。细糠随风扇播扬分去，则膜尘净尽而粹
精见矣。

凡水碓，山国之人居河滨者之所为也，攻稻之法省人
力十倍，人乐为之。引水成功，即筒车灌田同一制度也。

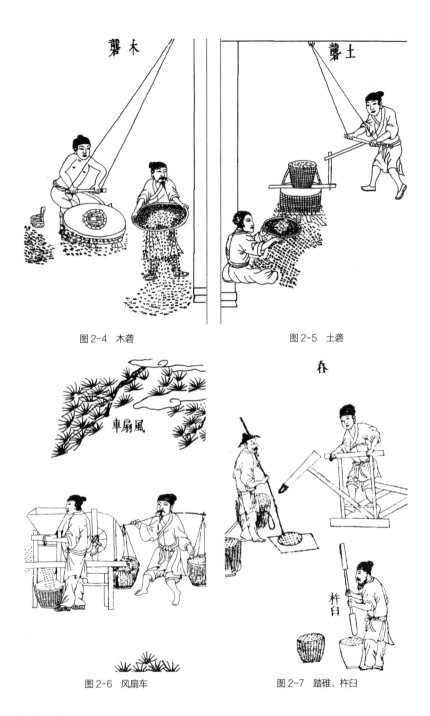

图 2-4　木砻　　　　　　图 2-5　土砻

图 2-6　风扇车　　　　　图 2-7　踏碓、杵臼

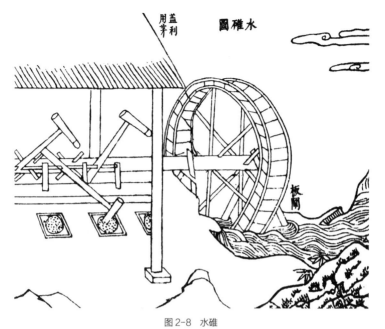

用苇盖利

圖碓水

図2-8 水碓

碾牛

図2-9 牛碾

设臼多寡不一，值流水少而地窄者，或两三臼。流水洪而地室宽者，即并列十臼无忧也。江南信郡水碓之法巧绝。盖水碓所愁者，埋臼之地卑则洪潦为患，高则承流不及。信郡造法即以一舟为地，撅桩维之。筑土舟中，陷臼于其上。中流微堰石梁，而碓已造成，不烦椓木壅坡之力也。又有一举而三用者，激水转轮头，一节转磨成面，二节运碓成米，三节引水灌稻田。此心计无遗者之所为也。

凡河滨水碓之国，有老死不见砻者，去糠去膜皆以臼相终始。惟风筛之法则无不同也。凡碓砌石为之，承藉、转轮皆用石。牛犊、马驹惟人所使。盖一牛之力，日可得五人。但入其中者必极燥之谷，稍润则碎断也。

【注释】

①九穰一秕：九棵饱满，一棵不饱满。

②砻（lóng）：用于破谷取米的农具，形状像石磨，有上下臼、摇臂、支座等，臼上有齿，上臼旋转，下臼固定，臼齿间的摩擦可使稻壳裂开、脱落。

③笋：榫，器物凹凸相接处的凸出部分。

④豢（huàn）：特指喂养牲畜。

○攻麦

凡小麦，其质为面。盖精之至者，稻中再舂之米；粹之至者，麦中重罗之面也。小麦收获时，束稿击取，如击稻法。其去秕法，北土用扬，盖风扇流传未遍率土也。凡扬不在宇下，必待风至而后为之。风不至，雨不收，皆不可为也。

凡小麦既扬之后，以水淘洗尘垢净尽，又复晒干，然后入磨。凡小麦有紫、黄二种，紫胜于黄。凡佳者每石得面一百二十斤，劣者损三分之一也。凡磨大小无定形，大

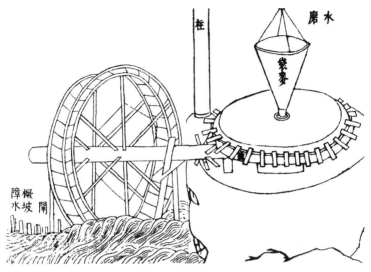

图2-10 磨面水磨

者用肥犍力牛曳转。其牛
曳磨时用桐壳掩眸，不然
则眩晕。其腹系桶以盛
遗，不然则秽也。次者用
驴磨，斤两稍轻。又次小
磨，则止用人推挨者。

凡力牛一日攻^①麦二
石，驴半之，人则强者攻
三斗，弱者半之。若水
磨之法，其详已载《攻
稻·水碓》中，制度相
同，其便利又三倍于牛犊
也。凡牛、马［磨］与水

图2-11 面罗

磨，皆悬袋磨上，上宽下窄，贮麦数斗于中，溜入磨眼。人力所挨则不必也。

凡磨石有两种，面品由石而分。江南少粹白上面者，以石怀沙滓，相磨发烧，则其麸并破，故黑颣②参和面中，无从罗去也。江北石性冷腻，而产于池郡之九华山③者美更甚。以此石制磨，石不发烧，其麸压至扁秕之极不破，则黑疵一毫不入，而面成至白也。凡江南磨二十日即断齿，江北者经半载方断。南磨破麸得面百斤，北磨只得八十斤，故上面之值增十之二，然面筋、小粉皆从彼磨出，则衡数已足，得值更多焉。

凡麦经磨之后，几番入罗，勤者不厌重复。罗框之底用丝织罗地绢为之。湖丝④所织者，罗面千石不损。若他方黄丝所为，经百石而已朽也。凡面既成后，寒天可经三月，春夏不出二十日即郁坏。为食适口，贵及时也。凡大麦则就舂去膜，炊饭而食，为粉者十无一焉。荞麦则微加春杵去衣，然后或舂或磨以成粉而后食之。盖此类之视小麦，精粗贵贱大径庭也。

【注释】

①攻：这里指加工。

②颣（lèi）：颗粒。

③池郡之九华山：今安徽青阳县南。

④湖丝：浙江湖州府所产的丝。

○攻黍、稷、粟、粱、麻、菽

凡攻治小米，扬得其实，舂得其精，磨得其粹。风扬、车扇而外，簸法生焉。其法簸织为圆盘，铺米其中，挤匀扬播。轻者居前，撵弃地下。重者在后，嘉实存焉。凡小米舂、磨、扬、播制器，已详《稻》《麦》之中。唯小碾一制在《稻》《麦》之外。北方攻小米者，家置石墩，中高边下，

图 2-12　打枷

边沿不开槽。铺米墩上，妇子两人相向，接手而碾之。其碾石圆长如牛赶石，而两头插木柄。米堕边时，随手以小彗扫上。家有此具，杵臼竟悬也。

凡胡麻刈获，于烈日中晒干，束为小把。两手执把相击，麻粒①绽落，承以簟席②也。凡麻筛与米筛小者同形，而目密五倍。麻从目中落，叶残、角屑皆浮筛上而弃之。凡豆菽刈获，少者用枷，多而省力者仍铺场，烈日晒干，牛曳石赶而压落之。凡打豆枷竹木竿为柄，其端凿圆眼，拴木一条，长三尺许，铺豆于场执柄而击之。凡豆击

之后，用风扇扬去荚叶，筛以继之，嘉实洒然入廪矣。是故舂、磨不及麻，碾碾不及菽也。

【注释】

①麻粒：芝麻粒。

②簟（diàn）席：竹席。

作咸第三

宋子曰，天有五气，是生五味①。润下作咸②，王访箕子而首闻其义焉。口之于味也，辛酸甘苦经年绝一无恙③。独食盐禁戒旬日，则缚鸡胜匹，倦怠恹然。岂非天一生水，而此味为生人生气之源哉？四海之中，五服而外，为蔬为谷，皆有寂灭之乡④，而斥卤⑤则巧生以待。孰知其［所］以然？

【注释】

①五味：酸、甘、苦、辛、咸五种味道。

②润下作咸：水性湿润，向下流动，带有咸味。

③经年绝一无恙：整年缺少其中之一，也不会有什么影响。

④为蔬为谷，皆有寂灭之乡：都有蔬菜谷物不能生长的地方。

⑤斥卤：盐卤。

○盐产

凡盐产最不一，海、池、井、土、崖、砂石，略分六种，而东夷树叶①、西戎光明②不与焉。赤县之内，海卤居十之八，而其二为井、池、土碱，或假人力，或由天造。总之，一经舟车穷窘③，则造物应付出焉④。

①东夷树叶：东北地区少数民族食用的树叶盐。

②西戎光明：西部地区少数民族食用的光明盐。光明盐为产于山石上的一种无色透明晶体，《本草纲目》记载其有"开盲明目"之功效。

③舟车穷窘：交通不方便。

④造物应付出焉：指大自然会提供盐产。

图3-1 布灰种盐

○海水盐

凡海水自具咸质。海滨地高者名潮墩，下者名草荡，地皆产盐。同一海卤传神，而取法则异。一法，高堰地，潮波不没者，地可种盐。种户各有区画经界，不相侵越。度诘朝①无雨，则今日广布稻麦稿灰及芦茅②灰寸许于地上，压使平匀。明晨露气冲腾，则其下盐茅③勃发。日中晴霁，灰、盐一并扫起淋煎。

图 3-2　淋水先入浅坑　　　　图 3-3　牢盆煎炼海卤

　　一法，潮波浅被地，不用灰压。候潮一过，明日天晴，半日晒出盐霜，疾趋扫起煎炼。一法，逼海潮［入］深地，先堀深坑，横架竹木，上铺席苇，又铺沙于苇席之上。俟潮灭顶冲过，卤气由沙渗下坑中，撤去沙苇。以灯烛之，卤气冲灯即灭，取卤水④煎炼。总之功在晴霁，若淫雨连旬，则谓之盐荒。又淮场地面有日晒自然生霜如马牙者，谓之大晒盐，不由煎炼，扫起即食。海水顺风漂来断草，勾取煎炼，名蓬盐。

　　凡淋煎法，掘坑二个，一浅一深。浅者尺许，以竹木架芦席于上。将帚来盐料（不论有灰无灰，淋法皆同），铺于席上。四围隆起，作一堤垱⑤形，中以海水灌淋，渗下浅坑中。深者深七八尺，受浅坑所淋之汁，然后入锅煎炼。

凡煎盐锅古谓之"牢盆⑥"，亦有两种制度。其盆周阔数丈，径亦丈许。用铁者以铁打成叶片，铁钉拴合，其底平如盂，其四周高尺二寸。其合缝处一以卤汁结塞，永无隙漏。其下列灶燃薪，多者十二三眼，少者七八眼，共煎此盘。南海有编竹为者，将竹编成阔丈深尺，糊以蜃灰⑦，附于釜背。火燃釜底，滚沸延及成盐，亦名盐盆，然不若铁叶镶成之便也。凡煎卤未即凝结，将皂角椎碎和粟米糠二味，卤沸之时投入其中搅和，盐即顷刻结成。盖皂角结盐，犹石膏之结〔豆〕腐也。

凡盐淮、扬场者，质重而黑，其他质轻而白。以量较之，淮场者一升重十两，则广、浙、长芦者，只重六七两。凡蓬草盐不可常期，或数年一至，或一月数至。凡盐见水即化，见风即卤，见火愈坚。凡收藏不必用仓廪，盐性畏风不畏湿，地下叠稿三寸，任从卑湿无伤。周遭以土砖泥隙，上盖茅草尺许，百年如故也。

【注释】

①诘朝：次日。

②芦茅：芦苇。

③盐茅：含像茅草一样。

④卤水：带着盐分的水。

⑤堤埕：堤坝。

⑥牢盆：《本草纲目》中有："煮盐之器，汉谓之牢盆。"

⑦蜃灰：由蛤蜊壳烧成的灰。

○池盐

凡池盐宇内有二，一出宁夏，供食边镇。一出山西解池，供晋、豫诸郡县。解池界安邑、猗氏、临晋之间，其池外有城堞，周遭禁御。池水深聚处，其色绿沉。土人种盐者池傍耕地为畦垄，引清水入所耕畦中，忌浊水参入，即淤淀盐脉。

凡引水种盐，春间即为之，久则水成赤色。待夏秋之交，

图3-4　池盐

南风大起，则一宵结成，名曰颗盐，即古志所谓大盐①也。凡海水煎者细碎，而此成粒颗，故得大名。其盐凝结之后，扫起即成食味。种盐之人积扫一石交官，得钱数十文而已。其海丰②、深州③引海水入池晒成者，凝结之时，扫食不加人力，与解盐同。但成盐时日与不借南风，则大异也。

【注释】

①古志所谓大盐:《史记·货殖列传》中有:"河东大盐。"河东即指山西。

②海丰:指现在的河北盐山县。

③深州:现在的河北深县,但此处是否产盐存疑。

○井盐

凡滇、蜀两省远离海滨,舟车艰通,形势高上,其咸脉即蕴藏地中。凡蜀中石山去河不远者,多可造井取盐。盐井周圆不过数寸,其上口一小盂覆之有余,深必十丈以

图3-5 四川井盐

外乃得卤信①，故造井功费甚难。其器冶铁锥，如碓嘴形②，其尖使极刚利，向石山舂凿成孔。其身③破竹缠绳，夹悬此锥。每舂深入数尺，则又以竹接其身，使引而长。初入丈许，或以足踏碓梢，如舂米形。太深则用手捧持顿下。所舂石成碎粉，随以长竹接引，悬铁盏挖之而上。大抵深者半载，浅者月余，乃得一井成就。

盖井中空阔，则卤气游散④，不克结盐故也。井及泉后，择美竹长丈者，凿净其中节，留底不去⑤。其喉下安消息⑥，吸水入筒，用长绹⑦系竹沉下，其中水满。井上悬桔槔、辘轳诸具，制盘驾牛。牛拽盘转，辘轳绞绹，汲水而上。入于釜中煎炼（只用中釜，不用牢盆），顷刻结盐，色成至白。

西川有火井⑧，事奇甚。其井居然冷水，绝无火气。但以长竹剖开去节，合缝漆布，一头插入井底。其上曲接，以口紧对釜脐，注卤水釜中，只见火意烘烘，水即滚沸。启竹而视之，绝无半点焦炎意。未见火形而用火神，此世间大奇事也。凡川、滇盐井逃课掩盖至易，不可穷诘。

【注释】

①卤信：盐层。

②碓嘴形：冲击式钻井工具的钻头。

③其身：这里指锥柄。

④井中空阔，则卤气游散：井口若较宽，盐卤就会流散。这类井下容易遇淡水。

⑤留底不去：保留此长竹的最后一节不凿穿。

⑥消息：阀门。

⑦长𬭎（gēng）：长的粗绳索。

⑧火井：天然气井。

○**末盐、崖盐**

凡地碱煎盐，除并州①末盐外，长芦分司②地土人亦有刮削煎成者，带杂黑色，味不甚佳。凡西省阶③、凤④等州邑，海、井〔盐〕交穷⑤。其岩穴自生盐，色如红土，恣人刮取，不假煎炼。

【注释】

①并州：现在的山西太原一带。

②长芦分司：明代长芦盐运使在沧州、青州设二分司，管理盐业。

③阶：阶州，现在的甘肃武都。

④凤：凤州，现在的陕西凤县。

⑤海、井〔盐〕交穷：没有海盐，也没有井盐。

甘嗜①第四

宋子曰，气至于芳，色至于䩉②，味至于甘，人之大欲存焉。芳而烈，䩉而艳，甘而甜，则造物有尤异之思矣。世间作甘之味，什八③产于草木，而飞虫④竭力争衡，采取百花酿成佳味，使草木无全功。孰主张是，而颐养遍于天下哉？

【注释】

①甘嗜：出自《书经》，喜好甜味的意思，这里泛指制糖酿蜜。

②䩉（qìng）：指青黑色。引申为艳丽。

③什八：十分之八。

④飞虫：这里指蜜蜂。

○蔗种

凡甘蔗有二种，产繁①闽、广间，他方合并得其十一而已。似竹而大者为果蔗②，截断生啖，取汁适口，不可以造糖。似荻而小者为糖蔗，口啖即棘伤唇舌，人不敢食，白霜、红砂③皆从此出。凡蔗古来中国不知造糖，唐大历间西僧邹和尚游蜀中遂宁始传其法④。今蜀中种盛，亦自西域渐来也。

凡种荻蔗，冬初霜将至，将蔗砍伐，去杪与根，埋藏土内。（土忌洼聚水湿处）雨水前五六日，天色晴明即开出，去外壳，砍断约五六寸长，以两节为率。密布地上，微以土掩之，头尾相枕，若鱼鳞然。两芽平放，不得一上一下，致芽向土难发。芽长一二寸，频以清粪水浇之。俟长六七寸，锄起分栽。

凡栽蔗必用夹沙土，河滨洲土为第一。试验土色，掘坑尺五许，将沙土入口尝味，味苦者不可栽蔗。凡洲土近深山上流河滨者，即土味甘亦不可种。盖山气凝寒，则他日糖味亦焦苦。去山四五十里，平阳洲土择佳而为之。（黄泥脚地，毫不可为）

凡栽蔗治畦，行阔四尺，犁沟深四寸。蔗栽沟内，约七尺列三丛，掩土寸许，土太厚则芽发稀少也。芽发三四个或五六个时，渐渐下土，遇锄耨时加之。加土渐厚，则身长根深，庶免欹倒之患。凡锄耨不厌勤过，浇粪多少视土地肥硗。长至一二尺，则将胡麻或芸苔枯［饼］浸和水灌，灌肥欲施行内。高二三尺，则用牛进行内耕之。半月一耕，用犁一次垦土断旁根，一次掩土培根。九月初培土护根，以防砍后霜雪。

【注释】

①产繁：盛产。

②果蔗：指竹蔗。

③白霜、红砂：白糖、红糖。

④唐大历间西僧邹和尚游蜀中遂宁始传其法：事实上邹和尚为华人，而非西僧。且南朝梁时陶弘景《本草经集注》即有"取蔗汁为沙糖"，说明中国在唐以前早已知道以蔗制糖。

○蔗品

凡获蔗造糖，有凝冰①、白霜、红砂三品。糖品之分，分于蔗浆之老嫩。凡蔗性至秋渐转红黑色，冬至以后由红转褐，以成至白。五岭以南②无霜国土，蓄蔗不伐，以取糖霜。若韶、雄③以北，十月霜侵，蔗质遇霜即杀，其身不能久待以成白色，故速伐以取红糖也。凡取红糖，穷十日之力而为之。十日以前，其浆尚未满足。十日以后遇霜气逼侵，前功尽弃。故种蔗十亩之家，限制车、釜一副以供急用。若广南无霜，迟早惟人也。

【注释】

①凝冰：冰糖。

②五岭以南：五岭指跨越湖南、江西及广东的五岭山脉，五岭以南指广东和广西。

③韶、雄：指广东的韶关、南雄。

○造［红］糖

凡造糖车，制用横板二片，长五尺，厚五寸，阔二尺，两头凿眼安柱。上笋出少许，下笋出板二三尺，埋筑土内，使安稳不摇。上板中凿二眼，并列巨轴两根（木用至坚重者），轴木大七尺围方妙。两轴一长三尺，一长四尺五寸，其长者出笋安犁担。担用屈木，长一丈五尺，以便驾牛团转走。轴上凿齿，分配雌雄，其合缝处须直而圆，圆而缝合。夹蔗于中，一轧而过，与棉花赶车同义。

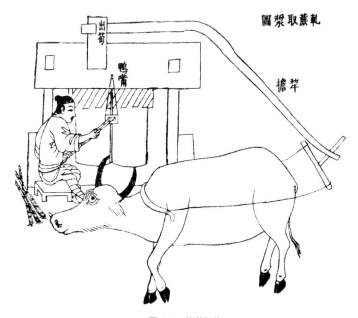

图 4-1 轧蔗取浆

蔗过浆流，再拾其滓，向轴上鸭嘴扱入，再轧而三轧之，其汁尽矣，其滓为薪。其下板承轴，凿眼只深一寸五分，使轴脚不穿透，以便板上受汁也。其轴脚嵌安铁锭于中，以便捩转①。凡汁浆流板有槽枧，汁入于缸内。每汁一石下石灰五合②于中。凡取汁煎糖，并列三锅如“品”字，先将稠汁聚入一锅，然后逐加稀汁两锅之内。若火力少束薪，其糖即成顽糖③，起沫不中用。

【注释】

①捩（liè）转：转动。

②下石灰五合：石灰可使蔗汁内的杂质沉淀，防止杂质妨碍糖分结晶。五合为半升。

③顽糖：无法结晶的胶状糖。

○造白糖

凡闽、广南方经冬老蔗，同车同前法。榨汁入缸，看水花为火色。其花煎至细嫩，如煮羹沸，以手捻试，粘手则信来①矣。此时尚黄黑色，将桶盛贮，凝成黑沙②。然后以瓦溜③（教陶家烧造）。置缸上。其溜上宽下尖，底有一小孔，将草塞住，倾桶中黑沙于内。待黑沙结定，然后去孔

图4-2　澄结糖霜瓦器

中塞草，用黄泥水④淋下。其中黑滓⑤入缸内，溜内尽成白霜。最上一层厚五寸许，洁白异常，名曰西洋糖。（西洋糖绝白美，故名。）下者稍黄褐。

造冰糖者，将白糖煎化，蛋青澄去浮滓，候视火色。将新青竹破成篾片，寸斩撒入其中。经过一宵，即成天然冰块。造狮、象、人物等，质料精粗由人。凡冰糖有五品，"石山"为上，"团枝"次之，"瓮鉴"次之，"小颗"又次，"沙脚"为下。

【注释】

①信来：到火候的意思。
②黑沙：糖汁熬煮后，放置冷却形成的糖膏，为黑色。
③瓦溜：类似于漏斗，陶制，用于分离糖蜜取得砂糖。
④黄泥水：黄泥水的上层液体可除蜜、脱色。
⑤黑滓：指糖膏中分出砂糖后剩下的糖蜜。

○造兽糖

凡造兽糖者，每巨釜一口受糖五十斤，其下发火慢煎。火从一角烧灼，则糖头滚旋而起。若釜心发火，则尽尽沸溢于地。每釜用鸡子三个，去黄取青，入冷水五升化解。逐匙滴下用火糖头之上，则浮沤①、黑滓尽起水面，以笊篱捞去，其糖清白之甚。然后打入铜铫②，下用自风慢火温之，看定火色然后入模。凡狮、象糖模，两合如瓦为之。杓泻糖入，随手覆转倾下。模冷糖烧，自有糖一膜靠模凝结，名曰享糖，华筵③用之。

【注释】

①浮沤：意为泡沫。

②铜铫：有柄和出水口的铜锅。

③华筵：盛大的宴会。

○蜂蜜

凡酿蜜蜂普天皆有，唯蔗盛之乡则蜜蜂自然减少。蜂造之蜜，出山岩、土穴者十居其八，而人家招蜂造酿而割取者，十居其二也。凡蜜无定色，或青或白，或黄或褐，皆随方土、花性而变。如菜花蜜、禾花蜜之类，千百其名不止也。凡蜂不论于家于野，皆有蜂王。王之所居造一台如桃大，王之子世为王①。王生而不采花，每日群蜂轮值分班采花供王。王每日出游两度（春秋造蜜时），游则八蜂轮值以待。蜂王自至孔隙口，四蜂以头顶［其］腹，四蜂傍翼，飞翔而去。游数刻而返，翼顶如前。

畜家蜂者或悬桶檐端，或置箱牖下。皆锥圆孔眼数十，俟其进入。凡家人杀一蜂、二蜂皆无恙，杀至三蜂则群起螫人，谓之蜂反。凡蝙蝠最喜食蜂，投隙入中，吞噬无限。杀一蝙蝠悬于蜂前，则不敢食，俗谓之"枭令"。凡家蓄蜂，东邻分而之西舍，必分王之子去而为君，去时如铺扇拥卫②。乡人有撒酒糟香而招之者。

凡蜂酿蜜，造成蜜脾^③，其形鬣鬣然^④。咀嚼花心汁吐积而成，润以人小遗，则甘芳并至，所谓"臭腐［生］神奇"也。凡割脾取蜜，蜂子多死其中，其底则为黄蜡。凡深山崖石上有经数载未割者，其蜜已经时自熟，土人以长竿刺取，蜜即流下。或未经年而扳缘可取者，割炼与家蜜同也。土穴所酿多出北方，南方卑湿，有崖蜜^⑤而无穴蜜^⑥。凡蜜脾一斤炼取十二两［蜜］。西北半天下，盖与蔗浆分胜云。

【注释】

①王之子世为王：此说法引自《本草纲目》，但并不符合事实。

②铺扇拥卫：排成扇形护卫新的蜂王。

③蜜脾：蜜蜂营造的用于酿蜜的巢，形状像脾。

④鬣鬣（liè liè）然：像排列整齐的马鬣毛。

⑤崖蜜：蜜蜂在石崖中筑巢而酿出的蜜。

⑥穴蜜：蜜蜂在土穴中筑巢而酿出的蜜。

○饴饧^①

凡饴饧，稻、麦、黍、粟皆可为之。《洪范》云："稼穑作甘^②。"及此乃穷其理。其法用稻、麦之类浸湿，生芽暴干，然后煎炼调化而成。色以白者为上。赤色者名曰胶饴，一时宫中尚之，含于口内即溶化，形如琥珀。南方造饼饵者谓饴饧为小糖，盖对蔗浆而得名也。饴饧人巧千方以供甘旨，不可枚述。惟尚方用者名"一窝丝"，或流传后代，不可知也。

【注释】

①饴饧（yí xíng）：用麦芽制成的糖浆，泛指饴糖。

②稼穑作甘：粮食可以制作甜味食物。

膏液第五

宋子曰，天道平分昼夜，而人工继晷[1]以襄事，岂好劳而恶逸哉？使织女燃薪、书生映雪，所济成何事也[2]？草木之实，其中蕴藏膏液，而不能自流。假媒水火，凭借木石，而后倾注而出焉。此人巧聪明，不知于何禀度也。人间负重致远，恃有舟车。乃车得一铢而辖转[3]，舟得一石而罅完[4]，非此物之功也不可行矣。至蔬蔬之登釜也，莫或膏之，犹啼儿之失乳焉。斯其功用一端而已哉。

【注释】

①继晷（guǐ）：夜以继日。

②所济成何事也：意思是夜间燃薪、映雪也是无济于事的，暗指不能没有油灯。

③车得一铢而辖转：车需要一些润滑油，轮子才能转动。

④舟得一石而罅（xià）完：船需要大量的油才能堵住缝隙。

○油品

凡油供馔食用者，胡麻（一名脂麻）、莱菔子、黄豆、菘菜子（一名白菜）为上。苏麻（形似紫苏，粒大于胡麻）、芸苔子（江南名菜子）次之，㮏①子（其树高丈余，子如金樱子，去肉取仁）次之，苋菜子次之，大麻仁（粒如胡荽子，剥取其皮，为绋索用者）为下。

燃灯则柏^②仁内水油为上，芸苔次之，亚麻子（陕西所种，俗名壁虱脂麻，气恶不堪食）次之，棉花子次之，胡麻次之（燃灯最易竭），桐油与柏混油为下（桐油毒气熏人，柏油连皮膜则冻结不清）。造烛则柏皮油为上，蓖麻子次之，柏混油每斤入白蜡冻结次之，白蜡结冻诸清油又次之，樟树子油又次之（其光不减，但有避香气者），冬青子油又次之（韶郡^③专用，嫌其油少，故列次）。北土广用牛油，则为下矣。

凡胡麻与蓖麻子、樟树子，每石得油四十斤。莱菔子每石得油二十七斤（甘美异常，益人五脏）。芸苔子每石得油三十斤，其耨勤而地沃、榨法精到者，仍得四十斤（陈历一年，则空内而无油）。樣子每石得油一十五斤（油味似猪脂，甚美，其枯则止可种火及毒鱼用）。桐子仁每石得油三十三斤。柏子分打时，皮油得二十斤、水油得十五斤。混打时共得三十三斤（此须绝净者）。冬青子每石得油十二斤。黄豆每石得油九斤（吴下^④取油食后，以其饼充豕粮）。菘菜子每石得油三十斤（油出清如绿水）。棉花子每百斤得油七斤（初出甚黑浊，澄半月清甚）。苋菜子每石得油三十斤（味甚甘美，嫌性冷滑）。亚麻、大麻仁每石得油二十余斤。此其大端，其他未穷究试验，与夫一方已试而他方未知者，尚有待云。

【注释】

①樣（chá）：油茶。

②柏（jiù）：乌桕。

③韶郡：现在的广东韶关。

④吴下：现在的江苏南部和浙江北部。

○法具

凡取油，榨法而外，有两镬煮取法以治蓖麻与苏麻。北京有磨法、朝鲜有舂法，以治胡麻。其余则皆从榨出也。凡榨，木巨者围必合抱，而中空之。其木樟为上，檀、杞次之（杞木为者防地湿，则速朽）。此三木者脉理循环结长，非有纵直文。故竭力挥椎，实尖其中，而两头无璺坼①之患。他木有纵文者不可为也。中土江北少合抱木者，则取四根合并为之，铁箍裹定，横栓串合而空其中，以受

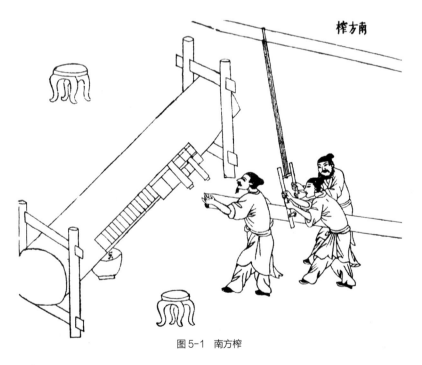

图5-1　南方榨

诸质。则散木有完木之用也。

凡开榨②空中，其量随木大小，大者受一石有余，小者受五斗不足。凡开榨辟中凿划平槽一条，以宛凿③入中，削圆上下，下沿凿一小孔，剜一小槽，使油出之时流入承藉器中。其平槽约长三四尺，阔三四寸，视其身而为之，无定式也。实槽尖与枋④唯檀木、柞子木两者宜为之，他木无望焉。其尖过斤斧而不过刨，盖欲其涩，不欲其滑，惧报转也。撞木与受撞之尖，皆以铁圈裹首，惧披散也。

榨具已整理，则取诸麻、菜子入釜，文火慢炒（凡柏、桐之类属树木生者，皆不炒而碾蒸），透出香气然后碾碎受蒸。凡炒诸麻、菜子，宜铸平底锅，深止六寸者，投子仁于内，翻拌最勤。若釜太深，翻拌疏慢，则火候交伤，减丧油质。炒锅亦斜安灶上，与蒸锅大异。凡碾埋槽土内（木为者以铁片掩之），其上以木杆衔铁陀，两人对举而推之。资本广者则砌石为牛碾，一牛之力可敌十人。亦有不受碾而受磨者，则棉子之类是也。既碾而筛，择粗者再碾，细者则入釜甑受蒸。蒸气腾

图 5-2 炒、蒸油料

足取出，以稻秸与麦秸包裹如饼形，其饼外圈箍或用铁打成，或破篾绞刺而成，与榨中则寸相稳合。

凡油原因气取，有生于无。出甑⑤之时包裹怠慢，则水火郁蒸之气游走，为此损油。能者疾倾、疾裹而疾箍之，得油之多，诀由于此。榨工有自少至老而不知者。包裹既定，装入榨中，随其量满，挥撞挤轧，而流泉出焉矣。包内油出滓存，名曰枯饼。凡胡麻、莱菔、芸苔诸饼，皆重新碾碎，筛去秸芒，再蒸、再裹而再榨之。初次得油二分，二次得油一分。若柏、桐诸物，则一榨已尽流出，不必再也。

若水煮法，则并用两釜。将蓖麻、苏麻子碾碎，入一釜中注水滚煎，其上浮沫即油。以构掠取，倾于干釜内，其下慢火熬干水气，油即成矣。然得油之数毕竟减杀。北磨麻油法，以粗麻布袋捩绞，其法再详。

【注释】

①璺（wèn）坼：断裂。

②开榨：制作榨具。

③宛凿：弯凿。

④枋：放入榨槽中间的矩形木块，用楔打紧，挤压油料使之出油。

⑤甑（zèng）：蒸食用具。

○皮油

凡皮油造烛，法起广信①郡。其法取洁净桕子，囫囵入釜甑蒸，蒸后倾于臼内受春。其臼深约尺五寸，碓以石为头，不用铁嘴。石取深山结而腻者，轻重斫成限四十斤，上嵌衡木之上而春之。其皮膜上油尽脱骨而纷落，挖起，筛于盘内，再蒸，包裹、入榨皆同前法。皮油已落尽，其骨为黑子。用冷腻小石磨不惧火煅者，（此磨亦从信郡深山觅取），以红火矢围瓮煅热②，将黑子逐把灌入疾磨。磨破之时，风扇去其黑壳，则其内完全白仁，与梧桐子无异。将此碾、蒸，包裹、入榨与前法同。榨出水油，清亮

图5-3 轧桕子黑粒去壳取仁

无比，贮小盏之中，独根心草燃至天明，盖诸清油所不及者。入食馔即不伤人，恐有忌者宁不用耳。

其皮油造烛，截苦竹筒两破，水中煮涨（不然则粘带），小篾箍勒定，用鹰嘴铁杓挽油灌入，即成一枝。插心于内，顷刻冻结，将箍开筒而取之。或削棍为模，裁纸一方，卷于其上而成纸筒，灌入亦成一烛。此烛任置风尘中，再经寒暑，不敝坏也。

【注释】

①广信：现在的江西上饶。

②以红火矢围壅煨热：用烧红的炭火围满四周，使之变热。

乃服①第六

宋子曰，人为万物之灵，五官百体，赅②而存焉。贵者垂衣裳；煌煌山龙③，以治天下。贱者裋褐、枲④裳，冬以御寒，夏以蔽体，以自别于禽兽。是故其质则造物之所具也。属草木者为枲、麻、苘⑤、葛，属禽兽与昆虫者为裘、褐、丝、绵。各载其半，而裳服充焉矣。

天孙机杼⑥，传巧人间。从本质而现花，因绣濯而得锦。乃杼柚遍天下，而得见花机之巧者，能几人哉？"治乱经纶"字义，学者童而习之，而终身不见其形象，岂非缺憾也！先列饲蚕之法，以知丝源之所自。盖人物相丽，贵贱有章，天实为之矣。

【注释】

①乃服：衣服的意思。

②赅：齐备。

③煌煌山龙：出自《书经》，指尊贵者衣服上所绣的山、龙等图案。

④枲（xǐ）：麻类植物的纤维。

⑤苘（qǐng）：青麻。

⑥天孙机杼：指织女的织布机。天孙，天帝之孙女，指织女。

○蚕种、蚕浴、种忌、种类

蚕种：凡蛹变蚕蛾，旬日破茧而出，雌雄均等。雌者伏而不动，雄者两翅飞扑，遇雌即交，交一日、半日方解。解脱之后，雄者中枯而死，雌者即时生卵。承藉卵生者，或纸或布，随方所用。（嘉、湖①用桑皮厚纸，来年尚可再用）一蛾计生卵二百余粒，自然粘于纸上，粒粒匀铺，天然无一堆积。蚕主收贮，以待来年。

蚕浴：凡蚕用浴法，唯嘉、湖两郡。湖多用天露、石灰②，嘉多用盐卤水③。每蚕纸一张，用盐仓走出卤水二升，掺水浸于盂内，纸浮其面（石灰仿此）。逢腊月十二即浸浴，至二十四日，计十二日，周即漉起，用微火炡干。从此珍重箱匣中，半点风湿不受，直待清明抱产。其天露浴者，时日相同。以篾盘盛纸，摊开屋上，四隅小石镇压。任从霜雪、风雨、雷电，满十二日方收。珍重、待时如前法。盖低种经浴，则自死不出，不费叶故，且得丝亦多也。晚种不用浴。

种忌：凡蚕纸用竹木四条为方架，高悬透风避日梁枋之上。其下忌桐油烟、煤火气。冬月忌雪映，一映即空。遇大雪下时，即忙收贮。明日雪过，依然悬挂，直待腊月浴藏。

种类：凡蚕有早、晚二种④。晚种每年先早种五六日出（川中者不同），结茧亦在先，其茧较轻三分之一。若早蚕结茧时，彼已出蛾生卵，以便再养矣（晚蛹戒不宜食）。凡三样浴种，皆谨视原记。如一错误，或将天露者投盐浴，则尽空不出矣。凡茧色唯黄、白二种，川、陕、晋、豫有黄无白，嘉、湖有白无黄。若将白雄配黄雌，则其嗣变成褐茧。黄丝以猪胰⑤漂洗，亦成白色，但终不可染缥白、桃红二色。

凡蚕形有数种。晚茧结成亚腰葫芦样，天露茧尖长如榧子形，又或圆扁如核桃形。又一种不忌泥涂叶者，名为贱蚕，得丝偏多。凡蚕形亦有纯白、虎斑、纯黑、花纹数种，吐丝则同。今寒家有将早雄配晚雌者，幻出嘉种，一异也。野蚕⑥自为茧，出青州、沂水⑦等地，树老即自生。其丝为衣，能御雨及垢污。其蛾出即能飞，不传种纸上。他处亦有，但稀少耳。

【注释】

①嘉、湖：现在的浙江嘉兴、湖州。

②天露：天然露水。用天露、石灰处理蚕卵，可淘汰低劣蚕种，同时还有消毒作用。

③盐卤水：制盐时产生的液体，带有苦味，可用于消毒。

④凡蚕有早、晚二种：蚕有早蚕、晚蚕两种。早蚕一年孵化一次，晚蚕一年孵化两次。

⑤猪胰：用猪胰制作成的肥皂。

⑥野蚕：这里指柞蚕。

⑦青州、沂水：现在的山东益都、沂水。

○抱养、养忌、叶料、食忌、病症

抱养：凡清明逝三日，蚕蚵①即不偎衣、衾暖气，自然生出。蚕室宜向东南，周围用纸糊风隙，上无棚板者宜顶格。值寒冷则用炭火于室内助暖。凡初乳蚕，将桑叶切为细条，切叶不束稻麦稿为之，则不损刀。摘叶用瓮坛盛，不欲风吹枯悴。

二眠以前，腾筐②方法皆用尖圆小竹筷提过。二眠以后则不用箸，而手指可拈矣。凡腾筐勤苦，皆视人工。急于腾者，厚叶与粪湿蒸，多致压死。凡眠齐时，皆吐丝而后眠。若腾过，须将旧叶些微拣净。若粘带丝缠叶在中，眠起之时，恐其即食一口则其病为胀死。三眠已过，若天气炎热，急宜搬出宽亮所，亦忌风吹。凡大眠后，计上叶十二餐方腾，太勤则丝糙。

养忌：凡蚕畏香复畏臭。若焚骨灰、淘毛圊③者顺风吹来，多致触死。隔壁煎鲍鱼、宿脂④亦或触死。灶烧煤炭，炉熱沉、檀亦触死。懒妇便器摇动气侵，亦有损伤。若风则偏忌西南，西南风太劲，则有合箔皆僵者。凡臭气触来，急烧残桑叶烟以抵之。

叶料：凡桑叶无土不生。嘉、湖用枝条垂压，今年视桑树旁生条，用竹钩挂卧，逐渐近地面，至冬月则抛土压之。来春每节生根，则剪开他栽。其树精华皆聚叶上，不复生葚与开花矣。欲叶便剪摘，则树至七八尺即斩截当顶，叶则婆娑可扳伐，不必乘梯缘木也。其他用子种者，立夏桑葚紫熟时取来，用黄泥水搓洗，并水浇于地面，本秋即长尺余，来春移栽。倘浇粪勤劳，亦易长茂。但间有生葚与开花者，则叶最薄少耳。又有花桑，叶薄不堪用者，其树［嫁］接过，亦生厚叶也。

又有柘⑤叶一种，以济桑叶之穷。柘叶浙中不经见，川中最多。寒家用浙种，桑叶穷时仍啖柘叶，则物理一也。凡琴弦、弓弦丝，用柘养蚕名曰棘茧，谓最坚韧。凡取叶必用剪，铁剪出嘉郡桐乡者最犀利，他乡未得其利。剪枝之法，再生条次月叶愈茂，取资既多，人工复便。凡再生叶条，仲夏以养晚蚕，则止摘叶而不剪条。二叶摘后，秋来三叶复茂，浙人听其经霜自落，片片扫拾以饲绵羊，大获绒毡之利。

食忌：凡蚕大眠以后，径食湿叶。雨天摘来者，任从铺地加餐。晴天摘来者，以水洒湿而饲之，则丝有光泽。未大眠时，雨天摘叶用绳悬挂透风檐下，时振其绳，待风吹干。若用手掌拍干，则叶焦而不滋润，他时丝亦枯色。凡食叶，眠前必令饱足而眠，眠起即迟半日上叶无妨也。雾天湿叶甚坏蚕，其晨有雾切勿摘叶。待雾收时，或晴或雨，方剪伐也。露珠水亦待旰干而后剪摘。

病症：凡蚕卵中受病，已详前款⑥。出后湿热、积压，防忌在人。初眠腾⑦时用漆盒者，不可盖掩逼出气水。凡蚕将病，则脑上放光，通身黄色，头渐大而尾渐小。并及眠之时，游定不眠，食叶又不多者，皆病作也。急择而去之，勿使败群。凡蚕强美者必眠叶面，压在下者或力弱或性惰，作茧亦薄。其作茧不知收法，妄吐丝成阔窝者，乃蠢蚕，非懒蚕也。

【注释】

①蚕蚜（miáo）：幼蚕。

②腾筐：将竹筐内的蚕转移到另一个干净的筐内，以便清理竹筐内的蚕粪等污物，保持竹筐的清洁。转移蚕的过程即为腾筐。

③毛圊（qīng）：厕所。

④鲍鱼、宿脂：咸鱼、不新鲜的油脂。

⑤柘：又叫黄桑，叶子可以给蚕吃。

⑥前款：前面的内容。

⑦腾：腾筐。

○老足①、结茧、取茧、物害、择茧

老足：凡蚕食叶足候，只争时刻。自卵出蚜多在辰、巳二时，故老足结茧亦多辰、巳二时。老足者喉下两颊通明。捉时嫩一分则丝少，过老一分又吐去丝，茧壳必薄。捉者眼法高，一只不差方妙。黑色蚕不见身中透光，最难捉。

结茧：凡结茧必如嘉、湖，方尽其法。他国②不知用火烘，听蚕结出。甚至丛秆之内、箱匣之中，火不经，风不透。故所为屯、漳等绢，豫、蜀等绸，皆易朽烂。若嘉、潮产丝成衣，即入水浣濯百余度，其质尚存。其法析竹编箔，其下横架料木约六尺高，地下摆列炭火（炭忌爆

炸），方圆去四五尺即列火一盆。初上山③时，火分两④略轻少，引他成绪⑤，蚕恋火意，即时造茧，不复缘走。

茧绪既成，即每盆加火半斤，吐出丝来随即干燥，所以经久不坏也。其茧室不宜楼板遮盖，下欲火而上欲风凉也。凡火顶上者，不以为种，取种宁用火偏者。其

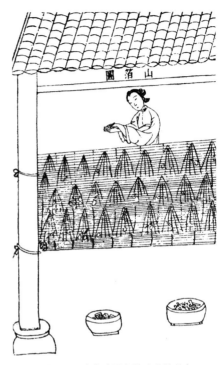

图6-1 山箔（蚕在筛席上结茧）

箔上山用麦稻稿斩齐，随手纠掖成山，顿插箔上。做山之人最宜手健。箔竹稀疏用短稿略铺洒，防蚕跌坠地下与火中也。

取茧：凡茧造三日，则下箔而取之。其壳外浮丝一名丝匡者，湖郡老妇贱价买去（每斤百文），用铜钱坠打成线，织成湖绸。去浮之后，其茧必用大盘摊开架上，以听治丝、扩绵⑥。若用厨箱掩盖，则浥郁⑦而丝绪断绝矣。

物害：凡害蚕者有雀、鼠、蚊三种。雀害不及茧，蚊害不及早蚕，鼠害则与之相终始。防驱之智，是不一法⑧，唯人所行也。（雀屎粘叶，蚕食之立刻死烂）

择茧：凡取丝必用圆正独蚕茧，则绪不乱。若双茧并四五蚕共为茧，择去取绵用。或以为丝，则粗甚。

【注释】

①老足：发育成熟的蚕。

②他国：其他地方。

③上山：为上簇，把成熟的蚕放到蚕簇上结茧。

④火分两：这里指火力。

⑤成绪：这里是吐丝的意思。

⑥听治丝、扩绵：等待缲丝、制作丝绵。

⑦浥（yì）郁：受潮，郁结湿气。

⑧不一法：不止一种方法。

○造绵

凡双茧并缲丝锅底零余，并出种茧壳，皆绪断乱不可为丝，用以取绵。用稻灰水煮过（不宜石灰），倾入清水盆内。手大指去甲净尽，指头顶开四个，四四数足，用拳顶开又四四十六拳数，然后上小竹弓。此《庄子》所谓"洴澼絖①"也。

湖绵独白净清化者，总缘手法之妙。上弓之时惟取快捷，带水扩开。若稍缓水流去，则结块不尽解，而色不纯白矣。其治丝余者名锅底绵，装绵衣、衾内以御重寒，谓之挟纩②。凡取绵人工，难于取丝八倍，竟日只得四两余。用此绵坠打线织湖绸者，价颇重。以绵线登花机者名曰花绵，价尤重。

【注释】

①洴澼絖（píng pì kuàng）：指在水中漂洗棉絮。
②挟纩（xiá kuàng）：指其中装着丝绵的衣被。

○治丝

凡治丝，先制缫车。其尺寸、器具开载后图。锅煎极沸汤，丝粗细视投茧多寡。穷日之力，一人可取三十两。若包头丝，则只取二十两，以其苗长也。凡绫罗丝，一起投茧二十枚，包头丝只投十余枚。凡茧滚沸时，以竹签拨动水面，丝绪自见。提绪入手，引入竹针眼①，先绕星丁头②（以竹棍作成，如香筒样），然后由送丝竿勾挂，以登大关车。

断绝之时，寻绪丢上，不必绕接。其丝排匀、不堆积者，全在送丝竿与磨木③之上。川蜀缫车制稍异，

图6-2 治丝（缫车缫丝）

其法架横锅上，引四五绪而上，两人对寻锅中绪，然终不若湖制之尽善也。凡供治丝薪，取极燥无烟湿者，则宝色不损。丝美之法有六字，一曰出口干，即结茧时用炭火烘。一曰出水干，则治丝登车时，用炭火四五两盆盛，去关车五寸许。运转如风时，转转火意照干，是曰出水干也（若晴光又风色，则不用火）。

【注释】

①竹针眼：集绪眼，可以将多个茧的绪聚集起来。

②星丁头：滑轮，用于导丝。

③磨不（dǔn）：脚踏摇柄，可以使送丝竿摆动。

○调丝、纬络、经具、过糊

调丝：凡丝议织时，最先用调。透光檐端宇下以木架铺地，植竹四根于上，名曰络笃。丝匡竹上，其旁倚柱高八尺处，钉具斜安小竹偃月挂钩。悬搭丝于钩内，手中执篗旋缠，以俟牵经、织纬之用。小竹坠石为活头，接断之时，扳之即下。

纬络①：凡丝既篗之后，以就经纬。经质用少，而纬质用多。每丝十两，经四纬六，此大略也。凡供纬篗，以水沃湿丝，摇车转锭而纺于竹管之上（竹用小箭竹）。

经具：凡丝既篗之后，牵经就织。以直竹竿穿眼三十余，透过篗圈，名曰溜眼。竿横架柱上，丝从圈透过掌扇，然后绕缠经耙之上。度数既足，将印架捆卷。既捆，

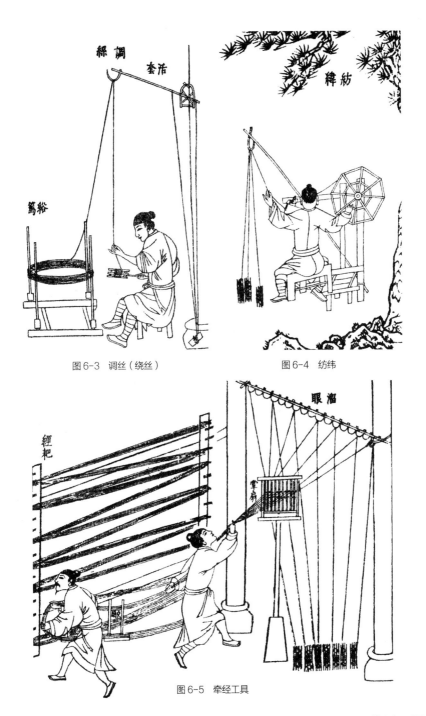

調緒

套拍

篗繀

緯紡

图6-3 调丝（绕丝）

图6-4 纺纬

锺耙

眼溜

笺筹

图6-5 牵经工具

糊遇　　架印

中以交竹二度，一上一下间丝，然后扱于筘内（此筘非织筘），扱筘之后，以的杠②与印架相望，登开五七丈。或过糊者，就此过糊。或不过糊，就此卷于的杠，穿综③就织。

过糊：凡糊用面筋内小粉为质。纱、罗所必用，绫、绸或用或不用。其染纱不存素质④者，用牛胶水为之，名曰清胶

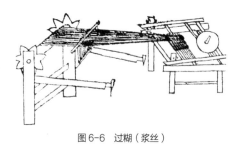

图6-6　过糊（浆丝）

纱。糊浆承于筘上，推移染透，推移就干。天气晴明，顷刻而燥，阴天必借风力之吹也。

【注释】

①纬络：卷纬，用于织丝的卷起的纬线。

②的杠：织机上的经轴，用于绕经丝。

③综：织机上的部件，使经线上下交错以受纬线。

④素质：原来的本性。

○边维、经数

边维：凡帛不论绫、罗，皆别牵边[1]，两旁各二十余缕。边缕必过糊，用筘推移梳干。凡绫、罗必三十丈、五立十丈一穿，以省穿接繁苦。每匹应截画墨于边丝之上，即知其丈尺之足。边丝不登的杠，别绕机梁之上。

经数：凡织帛，罗、纱筘以八百齿为率[2]，绫、绢筘以一千二百齿为率。每筘齿中度经过糊者，四缕合为二缕，罗、纱经计三千二百缕，绫、绸经计五千、六千缕。古书八十缕为一升[3]，今绫、绢厚者，古所谓六十升布也。凡织花纹必用嘉、湖出口、出水皆干丝为经，则任从提挈，不忧断接。他省者即勉强提花，潦草而已。

【注释】

①皆别牵边：都要另外织边。

②率：标准。

③古书八十缕为一升：《仪礼》中有"缌者十五升"，东汉郑玄注"以八十缕为升"。

○花机式、腰机式、结花本

花机式：凡花机通身度长一丈六尺，隆起花楼[1]，中托衢盘[2]，下垂衢脚[3]。（水磨竹棍为之，计一千八百根）对花楼下掘坑二尺许，以藏衢脚。（地气湿者，架棚二尺代之）提花小厮坐立花楼架木上。机末以的杠卷丝，中用叠助木两枝直穿二木，约四尺长，其尖插于筘两头。

叠助，织纱、罗者视织绫、绢者减轻十余斤方妙。其素罗不起花纹，与软纱、绫绢踏成浪、梅小花者，视素罗只加桄两扇。一人踏织自成，不用提花之人闲住花楼，亦不设衢盘与衢脚也。其机式两接，前一接平安，自花楼向身一接斜倚低下尺许，则叠助力雄。若织包头细软，则另为均平不斜之机。坐处斗二脚，以其丝微细，防遏叠助之力也。

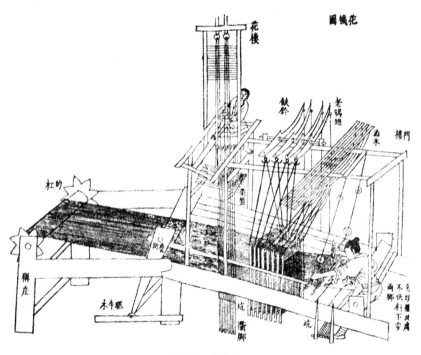

图6-7 提花机

腰机式：凡织杭西、罗地等绢，轻素等绸，银条、巾帽等纱，不必用花机，只用小机。织匠以熟皮一方置坐下，其力全在腰、尻之上，故名腰机。普天织葛、苎、棉布者，用此机法，布帛更整齐、坚泽，惜今传之犹未广也。

结花本④：凡工匠结花本者，心计最精巧。画师先画何等花色于纸上，结本者以丝线随画量度，算计分寸秒忽而结成之。张悬花楼之上，即结者不知成何花色，穿综带经，随其尺寸、度数提起衢脚，梭过之后居然花现。盖绫绢以浮轻而现花，纱罗以纠纬而现花。绫绢一梭一提，纱罗来梭提，往梭不提。天孙机杼，人巧备矣。

腰机式图

图6-8 腰机式

幅皮

【注释】

①花楼：提花机部件之一，作用是控制提花机上经线的起落。

②衢盘：用于调整经线的开口部位。

③衢脚：提花机部件之一，可使经线复位。

④结花本：依照画稿的图案，织制出花纹。

○穿经、分名、熟练

穿经：凡丝穿综度经，必用四人列坐。过筘之人手执筘耙先插，以待丝至。丝过筘，则两指执定，足五、七十筘，则绦结之。不乱之妙，消息全在交竹。即接断，就丝一扯即长数寸。打结之后，依还原度，此丝本质自具之妙也。

分名：凡罗，中空小路以透风凉，其消息全在软综之中。裒头①两扇打综，一软一硬②。凡五梭、三梭（最厚者七梭）之后，踏起软综，自然纠转诸经，空路不粘。若平过不空路而仍稀者曰纱，消息亦在两扇裒头之上。直至织花绫绸，则去此两扇，而用桄综八扇。

凡左右手各用一梭交互织者，曰绉纱。凡单经曰罗地，双经曰绢地，五经曰绫地。凡花分实地与绫地，绫地者光，实地者暗。先染丝而后织者曰缎（北地屯绢亦先染过）。就丝绸机上织时，两梭轻、一梭重，空出稀路者，名曰秋罗，此法亦起近代。凡吴越秋罗，闽、广怀素③，皆利缙绅当暑服，屯绢则为外官、卑官逊别锦绣用也。

熟练④：凡帛织就犹是生丝，煮练方熟。练用稻稿灰入水煮。以猪胰脂陈宿一晚，入汤浣之，宝色烨然。或用乌梅者，宝色略减。凡早丝为轻、晚丝为纬者，练熟之时每十两轻去三两。经、纬皆美好早丝，轻化只二两。练后日干张急，以大蚌壳磨使乖钝，通身极力刮过，以成宝色。

①衮（gǔn）头：提综杠杆，用于织地纹。

②一软一硬：软综和硬综。软综织平纹，硬综织网纹或纠纹，两综共用可织平纹。

③怀素：熟罗。

④熟练：煮练。

○龙袍、倭缎

龙袍：凡上供龙袍，我朝局在苏、杭。其花楼高一丈五尺，能手两人扳提花本，织过数寸即换龙形。各房斗合不出一手①。赭、黄亦先染丝，工器原无殊异，但人工慎重与资本皆数十倍，以效忠敬之谊。其中节目微细，不可得而详考云。

倭缎②：凡倭缎制起东夷，漳、泉海滨效法为之。丝质来自川蜀，商人万里贩来，以易胡椒归里。其织法亦自夷国传来。盖质已先染，而斫绵③夹藏经面，织过数寸即刮成黑光。北房互市者见而悦之。但其帛最易朽污，冠弁之上顷刻集灰，衣领之间移日损坏。今华夷皆贱之，将来为弃物，织法可不传云。

【注释】

①一手：一人之手。

②倭缎：这里指的是含金属线的天鹅绒。

③斫绵：剪断铜线。

○布衣、枲著、夏服

布衣：凡棉衣御寒，贵贱同之。棉花古书名枲麻[①]，种遍天下。种有木棉、草棉两者，花有白、紫二色。种者白居十九，紫居十一。凡棉春种秋花，花先绽者逐日摘取，取不一时。其花粘子于腹，登赶车而分之。去子取花，悬弓弹化。（为挟纩温衾、袄者，就此止功）弹后以木板擦成长条以登纺车，引绪纠成纱缕。然后绕篗[②]、牵经就织。凡纺工能者一手握三管纺于锭上（捷则不坚）。

图6-9 赶棉车（轧花车）　　　　　图6-10 弹棉

凡棉布寸土皆有，而织造尚松江，浆染尚芜湖。凡布缕紧则坚，缓则脆。碾石取江北性冷质腻者（每块佳者值十余金），石不发烧，则缕紧不松泛。芜湖巨店首尚佳石。广南为布薮，而偏取远产，必有所试矣。为衣敝浣，犹尚寒砧捣声，其义亦犹是也。外国朝鲜造法相同，惟西洋则未核其质，并不得其机织之妙。凡织布有云花、斜文、象眼等，皆仿花机而生义。然既曰布衣，太素③足矣。织机十室必有，不必具图。

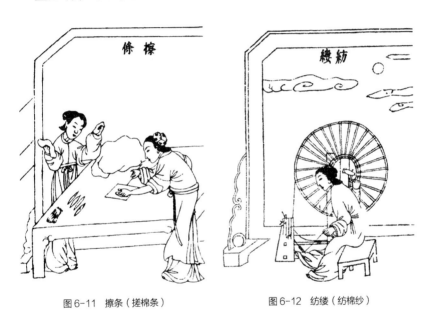

图6-11 擦条（搓棉条）　　　图6-12 纺缕（纺棉纱）

枲著④：凡衣、衾挟纩御寒，百人之中，止一人用茧绵，余皆枲著。古缊袍，今俗名胖袄。棉花既弹化，相衣、衾格式而入装之。新装者附体轻暖，经年板紧，暖气渐无，取出弹化而重装之，其暖如故。

夏服：凡苎麻无土不生。其种植有撒子、分头两法（池郡⑤每岁以草粪压头，其根随土而高，广南青麻撒子种田茂甚）。色有青、黄两样。每岁有两刈者、有三刈者，绩为当暑衣裳、帷帐。凡苎皮剥取后，喜日燥干，见水即烂。破析时则以水浸之，然只耐二十刻，久而不析亦烂。苎质本淡黄，漂工化成至白色（先取稻灰、石灰水煮过，入长流水再漂，再晒，以成至白）。纺苎纱能者用脚车，一女工并敌三工。惟破析时穷日之力只得三五铢重。织苎机具与织棉者同。凡布衣缝线、革履串绳，其质必用苎纠合。

凡葛蔓生，质长于苎数尺。破析至细者，成布贵重。又有苘麻一种，成布甚粗，最粗者以充丧服。即苎布有极粗者，漆家以盛布灰，大内以充火炬。又有蕉纱，乃闽中取芭蕉皮析、绩为之，轻细之甚，值贱而质枵⑥，不可为衣也。

【注释】

①枲麻：大麻的雄株，事实上与棉花无关。古书多称棉为吉贝、白叠。

②篗（yuè）：络丝的用具。

③太素：平纹，不织任何花纹。

④枲著：本意为麻衣，作者误认为枲是棉的古称，故这里应为棉衣。

⑤池郡：现在的安徽贵池。

⑥质枵（xiāo）：质地稀松，不结实。

○裘

凡取兽皮制服，统名曰裘。贵至貂[①]、狐，贱至羊、麂，值分百等。貂产辽东外徼建州[②]地及朝鲜国。其鼠好食松子，夷人夜伺树下，屏息悄声而射取之。一貂之皮方不盈尺，积六十余貂仅成一裘。服貂裘者立风雪中，更暖于宇下。眯入目中，拭之即出，所以贵也。色有三种，一白者曰银貂，一纯黑，一黯黄。（黑而毛长者，近值一帽套已五十金）凡狐、貉[③]亦产燕、齐、辽、汴诸道。纯白狐腋裘价与貂相仿，黄褐狐裘值貂五分之一，御寒温体功用次于貂。凡关外狐，取毛见底青黑，中国者吹开见白色，以此分优劣。

羊皮裘母贱子贵。在腹者名曰胞羔，（毛文略具），初生者名曰乳羔，（皮上毛似耳环脚），三月者曰跑羔，七月者曰走羔（毛文渐直）。胞羔、乳羔为裘不膻。古者羔裘为大夫之服，今西北搢绅亦贵重之。其老大羊皮硝熟[④]为裘，裘质痴重，则贱者之服耳，然此皆绵羊所为。若南方短毛革，硝其鞟[⑤]如纸薄，止供画灯之用而已。服羊裘者，腥膻之气习久而俱化，南方不习者不堪也。然寒凉渐杀，亦无所用之。

麂皮去毛，硝熟为袄、裤，御风便体，袜、靴更佳。此物广南繁生外，中土则积集楚中，望华山为市皮之所。麂皮且御蝎患，北人制衣而外，割条以缘衾边，则蝎自远去。虎豹至文，将军用以彰身。犬、豕至贱，役夫用以适足。西戎尚獭[⑥]皮，以为毳[⑦]衣领饰。襄黄之人穷山越国射取而远货，得重价焉。殊方异物如金丝猿，上用为帽套。

扯里狲⑧御服以为袍，皆非中华物也。兽皮衣人，此其大略，方物则不可殚述。飞禽之中有取鹰腹、雁胁毳毛，杀生盈万乃得一裘，名天鹅绒者，将焉用之？

【注释】

①貂：紫貂，分布于中国东北部，其皮毛极为贵重。

②建州：现在的吉林、辽宁境内。

③貉：又称狗獾，即狸。

④硝熟：用石灰、芒硝等鞣制皮革，使之变软。

⑤鞟（kuò）：皮革。

⑥獭：水獭，毛皮很珍贵。

⑦毳（cuì）：鸟兽的细毛。

⑧扯里狲：猞猁狲。

○褐、毡

凡绵羊有二种，一曰蓑衣羊①，剪其毳为毡、为绒片，帽、袜遍天下，胥此出焉。古者西域羊未入中国，作褐为贱者服，亦以其毛为之。褐有粗而无精，今日粗褐亦间出此羊之身。此种自徐、淮以北州郡，无不繁生。南方唯湖郡饲畜绵羊，一岁三剪毛（夏季稀革不生）。每羊一只岁得绒袜料三双。生羔牝牡合数得二羔，故北方家畜绵羊百只，则岁入计百金云。

一种矞芳羊②（番语），唐末始自西域③传来，外毛不甚蓑长，内毳细软，取织绒褐，秦人名曰山羊，以别绵羊。

此种先自西域传入临洮，今兰州独盛，故褐之细者皆出兰州，一曰兰绒，番语谓之孤古绒，从其初号也。山羊氄绒亦分两等，一曰挑绒，用梳栉挑下，打线织帛，曰褐子、把子诸名色。一曰拔绒，乃氄毛精细者，以两指甲逐茎拈下，打线织成褐。此褐织成，揩面如丝帛滑腻。每人穷日之力打线只得一钱重，费半载工夫方成匹帛之料。若挑绒打线，日多拔绒数倍。凡打褐绒线，冶铅为锤坠于绪端，两手宛转搓成。

凡织绒褐机大于布机，用综八扇，穿经度缕，下拖四踏轮，踏起经隔二抛纬，故织出纹成斜现。其梭长一尺二寸。机织、羊种皆彼时归夷传来（名姓再详），故至今织工皆其族类，中国无与也。凡绵羊剪氄，粗者为毡，细者为绒。毡皆煎烧沸汤投于其中搓洗，俟其粘合，以木板定物式，铺绒其上，运轴赶成。凡毡绒白、黑为本色，其余皆染也。其氍毹④、氆氇⑤等名称，皆华夷各方语所命。若最粗而为毯者，则驽马诸料杂错而成，非专取料于羊也。

【注释】

①蓑衣羊：这里指的是蒙古羊，皮毛像蓑衣一样。

②矞芳（yù lè）羊：应为瀚（yù）芳，即羖䍽羊。

③西域：现在的新疆境内。

④氍毹（qú yú）：带有花纹的毛织毯。

⑤氆氇（pǔ lǔ）：藏民手工制作的毛织物，可用于做衣服。

彰施第七

宋子曰，霄汉之间云霞异色，阎浮之内花叶殊形。天垂象而圣人则之[1]，以五彩彰施于五色[2]，有虞氏岂无所用其心哉？飞禽众而凤则丹，走兽盈而麟则碧。夫林林青衣望阙而拜黄朱也，其义亦犹是矣。君子曰："甘受和，白受采[3]。"世间丝、麻、裘、褐皆具素质，而使殊颜异色得以尚焉。谓造物而不劳心者，吾不信也。

【注释】

①天垂象而圣人则之：出自《周易》。大自然呈现出五彩斑斓的景象，古代圣人对之加以模仿。

②以五彩彰施于五色：出自《书经》。用染料将衣服染得五彩缤纷。

③甘受和，白受采：出自《礼记》。甘甜可以调和各种味道，白料能够染成各种颜色。

○诸色质料

大红色：其质红花饼一味，用乌梅水煎出，又用碱水澄数次。或稻稿灰代碱，功用亦同。澄得多次，色则鲜甚[1]。染房讨便宜者先染栌木打脚。凡红花最忌沉、麝，袍服与衣香共收，旬月之间其色即毁。凡红花染帛之后，若欲退转，但浸湿所染帛，以碱水、稻灰水滴上数十点，其红一毫收转，仍还原质。所收之水藏于绿豆粉内，放出染红②，半滴不耗。染家以为秘诀，不以告人。莲红、桃红色、银红、水红色：以上质亦红花饼一味，浅深分两加减而成。是四色皆非黄茧丝所可为，必用白丝方现。

木红色：用苏木③煎水，入明矾④、梧子⑤。紫色：苏木为地，青矾尚之。赫黄色：制未详。鹅黄色：黄蘗⑥煎水染，靛水盖上。金黄色：芦木煎水染，复用麻稿灰淋，碱水漂。茶褐色：莲子壳煎水染，复用青矾水盖。大红官绿色：槐花煎水染，蓝淀盖，浅深皆用明矾。豆绿色：黄蘗水染，靛水盖。今用小叶苋蓝煎水盖者名草豆绿，色甚鲜。油绿色：槐花薄染，青矾盖。

天青色：入靛缸浅染，苏木水盖。蒲萄青色：入靛缸深染，苏木水盖。蛋青色：黄蘗水染，然后入靛缸。翠蓝、天蓝：二色俱靛水分深浅。玄色：靛水染深青，芦木、杨梅皮等分煎水盖。又一法，将蓝芽叶水浸，然后下青矾、梧子同浸，令布帛易朽。月白、草色二色：俱靛水微染，今法用苋蓝煎水，半生半熟染。象牙色：芦木煎水薄染，或用黄土。耦褐色：苏木水薄染，入莲子壳、青矾水薄盖。附：染包头青色：此黑不出蓝靛，用栗壳或莲子壳煎煮一日，漉起，然后入铁砂、皂矾锅内，再煮一宵即成深黑色。

附染毛青布色法：布青初尚芜湖千百年矣，以其浆碾成青光，边方外国皆贵重之。人情久则生厌。毛青乃出近代，其法取松江美布染成深青，不复浆碾，吹干，用胶水参豆浆水一过。先蓄好靛，名曰标缸，入内薄染即起。红焰之色隐然，此布一时重用。

【注释】

①色则鲜甚：碱性溶液可以提高红花中红色素染料的溶解度，使颜色变得鲜明。

②所收之水藏于绿豆粉内，放出染红：绿豆粉有吸附红色素之作用，但再染时需要加酸性溶液，如乌梅水等。

③苏木：枝干可提取出红色染料，根则含黄色染料。

④明矾：白矾，可与染料形成色淀，固着在织品上。

⑤桔子：五倍子，含鞣酸，为媒染剂。

⑥黄蘗（bò）：黄檗，落叶乔木，茎可制染料。

○蓝淀①

凡蓝五种皆可为淀。茶蓝即菘蓝，插根活。蓼蓝、马蓝、吴蓝等皆撒子生。近又出蓼蓝小叶者，俗名觅蓝，种更佳。

凡种茶蓝法，冬月割获，将叶片片削下，入窖造淀。其身斩去上下，近根留数寸，薰干，埋藏土内。春月烧净山土，使极肥松，然后用锥锄（其锄勾末向身，长八寸许）刺土打斜眼，插入于内，自然活根生叶。其余蓝皆收子撒种畦圃中。暮春生苗，六月采实，七月刈身造淀。

凡造淀，叶与茎多者入窖，少者入桶与缸。水浸七日，其汁自来。每水浆一石下石灰五升，搅冲数十下，淀信即结。水性定时，淀沉于底。近来出产，闽人种山皆茶蓝，其数倍于诸蓝。山中结箬篓②输入舟航。其掠出浮沫晒干者，曰靛花。凡蓝入缸，必用稻灰水先和，每日手执竹棍搅动，不可计数。其最佳者曰标缸。

【注释】

①蓝淀：蓝靛，蓝色染料。

②结箬（ruò）篓：装进竹篓中。

○红花

红花场圃撒子种，二月初下种。若太早种者，苗高尺许即生虫如黑蚁，食根立毙。凡种地肥者，苗高二三尺。每路打橛①，缚绳横阑，以备狂风拗折。若瘦地，尺五以下者，不必为之。

红花入夏即放绽，花下作梂汇多刺，花出梂上。采花者必侵晨带露摘取。若日高露旰，其花即已结闭成实，不可采矣。其朝阴雨无露，放花较少，旰摘无妨，以无日色故也。红花逐日放绽，经月乃尽。入药用者不必制饼。若入染家用者，必以法成饼然后用，则黄汁净尽，而真红乃现也。其子煎压出油，或以银箔贴扇面，用此油一刷，火上照干，立成金色。

造红花饼法：带露摘红花，捣熟，以水淘，布袋绞去黄汁②。又捣以酸粟或米泔清。又淘，又绞袋去汁。以青蒿③覆一宿，捏成薄饼，阴干收贮。染家得法，"我朱孔阳"，所谓猩红也。（染纸吉礼用，亦必用制饼，不然全无色。）

【注释】

①每路打橛：每行都打上桩。

②绞去黄汁：红花中还含有黄色素，可溶于水或酸性溶液，因此可以除去。

③青蒿：可发挥抑菌作用。

○附：燕脂、槐花

燕脂：燕脂古造法以紫矿染绵者为上，红花汁及山榴花汁者次之。近济宁路但取染残红花滓为之，值甚贱。其滓干者名曰紫粉。丹青家①或收用，染家则糟粕弃也。

槐花：凡槐树十余年后方生花实。花初试未开者曰槐蕊，绿衣所需，犹红花之成红也。取者张度篾稠其下②而承之。以水煮一沸，漉干捏成饼，入染家用。既放之花色渐入黄，收用者以石灰少许洒拌而藏之。

【注释】

①丹青家：画家。

②张度篾稠其下：将竹筐密布于树下。

卷
中

五金第八

宋子曰，人有十等①，自王、公至于舆、台，缺一焉，而人纪不立矣。大地生五金以利用天下与后世，其义亦犹是也。贵者千里一生，促亦五六百里而生。贱者舟车稍艰之国，其土必广生焉。黄金美者，其值去黑铁一万六千倍，然使釜鬵、斤斧不呈效于日用之间，即得黄金，值高而无民耳。贸迁有无，货居《周官》泉府②，万物司命系焉。其分别美恶而指点重轻，孰开其先，而使相须于不朽焉？

【注释】

①人有十等：出自《左传》，将人分为王、公、大夫、士、皂、舆、隶、僚、仆、台十个等级。

②《周官》泉府：《周礼·地官》中记载，泉府官吏掌管金融贸易。

○黄金

凡黄金为五金之长，熔化成形之后，住世永无变更。白银入洪炉虽无折耗，但火候足时，鼓鞴①而金花闪烁，一现即没，再鼓则沉而不现。惟黄金则竭力鼓鞴，一扇一花，愈烈愈现，其质所以贵也。凡中国产金之区大约百余处，难以枚举。山石中所出，大者名马蹄金，中者名橄榄金、带胯金②，小者为瓜子金。水沙中所出，大者名狗头金，小者名麸麦金、糠金。平地掘井得者名面沙金，大者名豆粒金。皆待先淘洗后、冶炼而成颗块。

金多出西南，取者穴山至十余丈见伴金石，即可见金。其石褐色，一头如火烧黑状。水金多者出云南金沙江（古名丽水），此水源出吐蕃③，绕流丽江府，至于北胜州，回环五百余里，出金者有数截。又川北潼川等州邑与湖广沅陵、溆浦等，皆于江沙水中淘沃取金。千百中间有获狗头金一块者，名曰金母，其余皆麸麦形。

入冶煎炼，初出色浅黄，再炼而后转赤也。儋、崖④有金田，金杂沙土之中，不必求深而得。取太频则不复产，经年淘、炼，若有则限。然岭南夷獠洞穴中，金初出如黑铁落，深挖数丈得之黑焦石下。初得时咬之柔软，夫匠有吞窃腹中者，亦不伤人。河南蔡、巩等州邑，江西乐平、新建等邑，皆平地掘深井取细沙淘炼成，但酬答人功，所获亦无几耳。大抵赤县之内，隔千里而一生。《岭表录［异］》⑤云，居民有从鹅鸭屎中淘出片屑者，或日得一两，或空无所获。此恐妄记也。

凡金质至重。每铜方寸重一两者，银照依其则，［方］寸增重三钱。银方寸重一两者，金照依其则，［方］寸增重二钱。凡金性又柔，可屈折如枝柳。其高下色分七青、八黄、九紫、十赤。登试金石⑥（此石广信郡河中甚多，大者如斗，小者如拳。入鹅汤中一煮，光黑如漆）上立见分明。凡足色金参和伪售者，唯银可入，余物无望焉。欲去银存金，则将其金打成薄片剪碎。每块以土泥裹涂，入坩埚中硼砂^⑦熔化，其银即吸入土内，让金流出以成足色。然后入铅少许，另入坩埚中，勾出土内银^⑧，亦毫厘具在也。

凡色至于金，为人间华美贵重，故人工成箔而后施之。凡金箔每金七分造方寸金一千片，粘补物面可盖纵横三尺。凡造金箔，既成薄片后，包入乌金纸内，竭力挥椎打成（打金椎短柄，约重八斤）。凡乌金纸由苏、杭造成，其纸用东海巨竹膜^⑨为质。用豆油点灯，闭塞周围，只留针孔通气，熏染烟光而成此纸。每纸一张打金箔五十度，然后弃去，为药铺包朱用，尚未破损。盖人巧造成异物也。

凡纸内打成箔后，先用硝熟猫皮绷急为小方板。又铺线香灰撒墁皮上，取出乌金纸内箔覆于其上，钝刀界画成方寸。口中屏息，手执轻杖，唾湿而挑起，夹于小纸之中。以之华物，先以熟漆布地，然后粘贴（贴字者多用楮树浆）。秦中造皮金者，硝扩羊皮使最薄，贴金其上，以便剪裁服饰用，皆煌煌至色存焉。凡金箔粘物，他日敝弃之时，削刮火化，其金仍藏灰内。滴清油数点，伴落聚底，淘洗入炉，毫厘无羔。

凡假借金色者，杭扇以银箔为质，红花子油刷盖，向火熏成。广南货物以蝉蜕壳调水描画，向火一微炙而就，非真金色也。其金成器物，呈分浅淡者，以黄矾涂染，炭火乍炙，即成赤宝色。然风尘逐渐淡去，见火又即还原耳。（黄矾详《燔石》卷。）

【注释】

①鼓鞴（bèi）：鼓动皮风囊。

②带胯金：装饰在腰带上的金。

③此水源出吐蕃：金沙江实际上发源于青海，并非源自吐蕃（新疆）。

④儋、崖：现在的海南新州、崖县。

⑤《岭南录〔异〕》：唐刘恂所著，详细记载了岭南的风俗、物产等。

⑥试金石：一种可检验金子纯度的黑色岩石。

⑦硼砂：对金银有助熔的作用。

⑧勾出土内银：含银泥土中加入铅熔炼，可将银提取出来。

⑨东海巨竹膜：巨竹纤维。

○银　附：朱砂银

凡银中国所出，浙江、福建旧有坑场，国初或采或闭。江西饶、信、瑞①三郡有坑从未开。湖广则出辰州②，贵州则出铜仁，河南则宜阳赵保山、永宁秋树坡、卢氏高嘴儿、嵩县马槽山，与四川会川③密勒山、甘肃大黄山等，皆称美矿。其他难以枚举。然生气有限。每逢开采，数不足则括派④以赔偿。法不严则窃争而酿乱，故禁戒不得不苛。燕、齐诸道则地气寒而石骨薄，不产金银。然合八省所生，不敌云南之半，故开矿、煎银唯滇中可永行也。

凡云南银矿，楚雄、永昌、大理为最盛，曲靖、姚安

图 8-1 开采银矿

次之，镇沅又次之。凡石山硐中有矿砂，其上现磊然小石，微带褐色者，分丫成径路。采者穴土十丈或二十丈，工程不可日月计。寻见土内银苗，然后得礁砂⑤所在。凡礁砂藏深土，如枝分派别。各人随苗分径横挖而寻之。上楮横板架顶以防崩压。采工篝灯逐径施镬，得矿方止。凡土内银苗或有黄色碎石，或土隙石缝有乱丝形状，此即去矿不远矣。

凡成银者曰礁，至碎者曰砂，其面分丫若枝形者曰矿⑥，其外包环石块曰矿。矿石大者如斗，小者如拳，为弃置无用物。其礁砂形如煤炭，底衬石而不甚黑。其高下有数等（商民凿穴得砂，先呈官府验辨，然后定税）。出土以斗量，付与冶工。高者六七两一斗，中者三四两，最下一二两（其礁砂放光甚者，精华泄露，得银偏少）。

凡礁砂入炉，先行拣净淘洗。其炉土筑巨墩，高五尺许，底铺瓷屑、炭灰。每炉受礁砂二石，用栗木炭二百斤周遭丛架。靠炉砌砖墙一朵，高阔皆丈余。风箱安置墙背，合两三人力带拽透管通风。用墙以抵炎热，鼓鞴之人方克安身。炭尽之时，以长铁叉添入。风火力到，礁砂溶化成团。此时银隐铅中⑦，尚未出脱。计礁砂二石溶出团约重百斤。

图8-2 熔矿结银与铅

冷定取出，另入分金炉（一名虾蟆炉）内，用松木炭匝围，透一门以辨火色。其炉或施风箱，或使交箑。火热功到，铅沉下为底子（其底已成陀僧[①]样，别入炉炼，又成扁担铅）。频以柳枝从门隙入内燃照，铅气净尽，则世宝凝然成象矣。此初出银亦名生银。倾定无丝纹，即再炼一火，当中止现一点圆星，滇人名曰茶经。逮后入铜少许，重以铅力熔化，然后入槽成丝（丝必倾槽而现，以四围匡住，宝气不横溢走散）。其楚雄所出又异，彼硐砂铅气甚少，向诸郡购铅佐炼。每礁百斤先坐铅二百斤于炉内，然后煽炼成团。其再入虾蟆

图8-3　沉铅结银

炉沉铅结银，则同法也。此世宝所生，更无别出。方书、本草无端妄想、妄注，可厌之甚。

大抵坤元精气，出金之所三百里无银，出银之所三百里无金。造物之情亦大可见。其贱役扫刷泥尘，入水漂淘而煎者，名曰淘厘锱。一日功劳，轻者所获三分，重者倍之。其银俱日用剪、斧口中委余，或鞋底粘带布于衢市。或院宇扫屑弃于河沿，其中必有焉，非浅浮土面能生此物也。

凡银为世用，唯红铜与铅两物可杂入成伪。然当其合琐碎而成钣锭，去疵伪而造精纯。高炉火中，坩埚足炼，

图8-4 分金炉清锈底

撒硝少许，而铜、铅尽滞埚底，名曰银锈。其灰池中敲落者名曰炉底。将锈与底同入分金炉内，填火土甄之中，其铅先化，就低溢流，而铜与粘带余银用铁条逼就分拨，井然不紊。人工、天工亦见一斑云。炉式并具于左。

朱砂银：凡虚伪方士以炉火惑人者，唯朱砂银［令］愚人易惑。其法以投铅、朱砂与白银等分，入罐封固，温养三七日后，砂盗银气，煎成至宝。拣出其银，形存神丧，块然枯物。入铅煎时，逐火轻折，再经数火，毫忽无存。折去砂价、炭资，愚者贪惑犹不解，并记于此。

【注释】

①饶、信、瑞：现在的江西鄱阳、上饶、赣州一带。

②辰州：现在的湖南沅陵。

③会川：现在的四川会理。

④括派：搜刮和加派的苛捐杂税。

⑤礁砂：炼银矿石的统称，主要指辉银矿。

⑥矿：形状像树枝的辉银矿。

⑦银隐铅中：银矿中常常含有铅。

⑧陀僧：密陀僧，又称炉底，氧化铝，为黄色。

○铜

凡铜供世用，出山与出炉止有赤铜。以炉甘石或倭铅①参和，转色为黄铜②。以砒霜等药制炼为白铜③。矾、硝等药制炼为青铜④。
广锡参和为响铜，倭
铅和写为铸铜。初质
则一味红铜而已。

凡铜坑所在有之。
《山海经》言，出铜之
山四百三十七，或有
所考据也。今中国供
用者，西自四川、贵
州为最盛。东南间自
海舶来，湖广武昌、
江西广信皆饶铜穴。
其衡、瑞等郡出最下
品，曰蒙山铜者，或
入冶铸混入，不堪升
炼成坚质也。

图8-5 穴取铜、铅

凡出铜山夹土带石，穴凿数丈得之，仍有矿⑤包其外，
矿状如姜石而有铜星，亦名铜璞，煎炼仍有铜流出，不似
银矿之为弃物。凡铜砂⑥在矿内形状不一，或大或小，或
光或暗，或如输石⑦，或如姜铁⑧。淘洗去土滓，然后入炉
煎炼，其熏蒸旁溢者为自然铜，亦曰石髓铅。

凡铜质有数种，有全体皆铜，不夹铅、银者，洪炉单
炼而成。有与铅同体者，其煎炼炉法，旁通高、低二孔，
铅质先化从上孔流出，铜质后化从下孔流出。东夷铜有托

图8-6　淘净铜矿砂、化铜

体银矿内者，入炉煎炼时，银结于面，铜沉于下。商舶漂入中国，名曰日本铜，其形为方长板条。漳郡人得之，有以炉再炼，取出零银，然后泻成薄饼，如川铜一样货卖者。

凡红铜升黄色为锤锻用者，用自风煤炭（此煤碎如粉，泥糊作饼，不用鼓风，通红则自昼达夜。江西则产袁郡及新喻邑）百斤，灼于炉内。以泥瓦罐载铜十斤，继入炉甘石六斤，坐于炉内，自然熔化。后人因炉甘石烟洪飞损，改用倭铅。每红铜六斤，入倭铅四斤，先后入罐熔化。冷定取出，即成黄铜，唯人打造。

凡用铜造响器，用出山广锡无铅气者入内。钲（今名锣）、镯（今名铜鼓）之类，皆红铜八斤，入广锡二斤。铙、钹，铜与锡更加精炼。凡铸器，低者红铜、倭铅均平分两，甚至铅六铜四。高者名三火黄铜、四火熟铜，则铜七而铅三也。

凡造低伪银者，唯本色红铜可入。一受倭铅、砒、矾等气，则永不和合。然铜入银内，使白质顿成红色，洪炉再鼓，则清浊浮沉立分，至于净尽云。

【注释】

①倭铅：锌。

②黄铜：铜锌合金，为金色。

③白铜：这里指的是用含锌、镍的砷矿石加上铜炼出的合金。

④青铜：这里是指以矾石、硝石等，把铜炼成古铜色。

⑤矿：这里指的是脉石，包于铜矿石之外。

⑥铜砂：铜礁砂，即含铜的矿石。

⑦𨫝（tōu）石：天然黄铜矿。

⑧姜铁：姜形的黑色铜矿石。

○附：倭铅

凡倭铅古书本无之，乃近世所立名色。其质用炉甘石熬炼而成，繁产山西太行山一带，而荆、衡为次之。每炉甘石十斤装载入一泥罐内，封裹泥固，以渐砑干，勿使见

图8-7 炼锌

火拆裂。然后逐层用煤炭饼垫盛，其底铺薪，发火煅红。罐中炉甘石熔化成团，冷定毁罐取出，每十耗去其二，即倭铅也。此物无铜收伏，入火即成烟飞去[1]。以其似铅而性猛，故名之曰倭[2]［铅］云。

【注释】

①入火即成烟飞去：锌易挥发。

②倭：解释为"猛"。

○铁

凡铁场所在有之，其质浅浮土面，不生深穴。繁生平阳岗埠，不生峻岭高山。质有土锭、碎砂数种。凡土锭铁，土面浮出黑块，形似秤锤。遥望宛然如铁，拈之则碎土。若起冶煎炼，浮者拾之，又乘雨湿之后牛耕起土，拾其数寸土内者。耕垦之后，其块逐日生长，愈用不穷。西北甘肃、东南泉郡皆锭铁之薮也。燕京、遵化与山西平阳则皆砂铁之薮也。凡砂铁，一抛土膜即现其形，取来淘洗。入炉煎炼，熔化之后与锭铁无二也。

图 8-8　耕土拾铁锭　　　　　　　　图 8-9　淘洗铁矿砂

　　凡铁分生、熟，出炉未炒则生，既炒则熟。生、熟相合，炼成则钢。凡铁炉用盐做造，和泥砌成。其炉多傍山穴为之，或用巨木匡围，塑造盐泥，穷月之力不容造次。盐泥有罅，尽弃全功。凡铁一炉载土二千余斤，或用硬木柴，或用煤炭，或用木炭，南北各从利便。扇炉风箱必用四人、六人带拽。土化成铁之后，从炉腰孔流出。炉孔先用泥塞。每旦昼六时，一时出铁一陀。既出，即叉泥塞，鼓风再熔。

　　凡造生铁为冶铸用者，就此流成长条、圆块，范内取用。若造熟铁，则生铁流出时相连数尺内、低下数寸筑一方塘，短墙抵之。其铁流入塘内，数人执持柳木棍排立墙上。先以污潮泥晒干，舂筛细罗如面，一人疾手撒掞①，众人柳棍疾搅②，即时炒成熟铁。其柳棍每炒一次，烧折二三寸，再用则又更之。炒过稍冷之时，或有就塘内斩划成方块者，或有提出挥椎打圆后货者。若浏阳诸冶，不知出此也。

凡钢铁炼法，用熟铁打成薄片如指头阔，长寸半许。以铁片束包夹紧，生铁安置其上（广南铁名堕子生铁者，妙甚），又用破草履（粘带泥土者，故不速化）盖其上，泥涂其底下。洪炉鼓鞴，火力到时生铁先化，渗淋熟铁之中，两情投合。

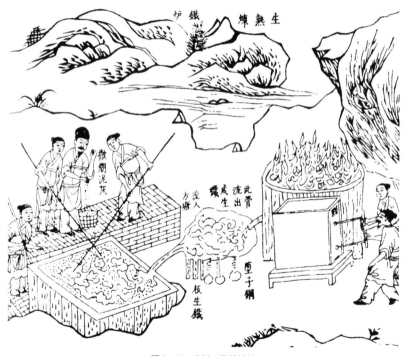

图8-10　生铁、熟铁炼炉

取出加锤，再炼再锤，不一而足。俗名团钢③，亦曰灌钢者是也。

其倭夷刀剑有百炼精纯，置日光檐下则满室辉曜者。不用生、熟相合炼，又名此钢为下乘云。夷人又有以地溲④（地溲乃石脑油之类，不产中国）淬刀剑者，云钢可切玉，亦未之见也。凡铁内有硬处不可打者，名铁核。以香油涂之即散。凡产铁之阴，其阳出慈石，第有数处不尽然也。

【注释】

①掞（yàn）：摊开。

②柳棍疾搅：用柳棍快速搅拌，可加速生铁水中的碳发生氧化作用。

③团钢：渗碳钢，用生铁水向熟铁中渗碳，不停地捶打，以去除其中的杂质。

④地溲：这里指的是石油。

○锡

凡锡，中国偏出西南郡邑，东北寡生。古书名锡为"贺"者，以临贺①郡产锡最盛而得名也。今衣被天下者，独广西南丹、河池二州居其十八，衡、永②则次之。大理、楚雄即产锡甚盛，道远难致也。

凡锡有山锡、水锡两种，山锡中又有锡瓜、锡砂两种。锡瓜块大如小瓠，锡砂如豆粒，皆穴土不甚深而得之，间或土中生脉充牣，致山土自颓，恣人拾取者。水锡

图 8-11　河池山锡　　　　　图 8-12　南丹水锡

衡、永出溪中，广西则出南丹州河内。其质黑色，粉碎如
重罗面。南丹河出者，居民旬前从南淘至北，旬后又从北
淘至南。愈经淘取，其砂日长，百年不竭。但一日功劳，
淘取煎炼，不过一斤。会计炉炭资本，所获不多也。南丹
山锡出山之阴，其方无水淘洗，则接连百竹为枧，从山阳
枧水淘洗土滓，然后入炉。

　　凡炼煎亦用洪炉，入砂数百斤，丛架木炭亦数百斤，
鼓鞴熔化。火力已到，砂不即熔，用铅少许勾引[3]，方始
沛然流注。或有用人家炒锡剩灰勾引者，其炉底炭末、瓷
灰铺作平池，旁安铁管小槽道，熔时流出炉外低池。其

质初出洁白，然过刚，承锤即坼裂。入铅制柔，方充造器用。售者杂铅太多，欲取净则熔化，入醋淬八九度④，铅尽化灰而去。出锡唯此道。方书云马齿苋取草锡者，妄言也。谓砒为锡苗者，亦妄言也。

图8-13 炼锡炉

【注释】

①临贺：现在的广西贺县。

②衡、永：现在的湖南衡阳、江永。

③用铅少许勾引：铅可与锡形成铅锡合金，使熔点降低。

④入醋淬八九度：将醋加入含铅的锡中，铅变为醋酸铅。

○铅　附：胡粉、黄丹

凡产铅山穴，繁于铜、锡。其质有三种，一出银矿中，包孕白银，初炼和银成团，再炼脱银沉底，曰银矿铅①，此铅云南为盛。一出铜矿中，入烘炉炼化，铅先出，铜后随，曰铜山铅，此铅贵州为盛。一出单生铅穴，取者穴山石，挟油灯寻脉，曲折如采银矿。取出淘洗、煎炼，名曰草节铅②，此铅蜀中嘉、利③等州为盛。其余雅州出钓脚铅，形如皂荚子，又如蝌蚪子，生山涧沙中。广信郡上饶、饶郡乐平出杂铜铅，剑州出阴平铅，难以枚举。

凡银矿中铅，炼铅成底，炼底复成铅。草节铅单入烘炉煎炼，炉傍通管，注入长条土槽内，俗名扁担铅，亦曰出山铅，所以别于凡银炉内频经煎炼者。凡铅物值虽贱，变化殊奇。白粉、黄丹④皆其显象。操银底于精纯，勾锡成其柔软，皆铅力也。

胡粉：凡造胡粉，每铅百斤，熔化，削成薄片，卷作筒，安木甑内。甑下、甑中各安醋一瓶，外以盐泥固济，纸糊甑缝。安火四两，养之七日。期足启开。铅片皆生霜粉，扫入水缸内。未生霜者入甑依旧再养七日，再扫，以质尽为度。其不尽者留作黄丹料。

每扫下霜一斤，入豆粉二两、蛤粉四两，缸内搅匀，澄去清水。用细灰按成沟，纸隔数层，置粉于上。将干，截成瓦形，或如磊块，待干收货。此物古因辰、韶诸郡专造，故曰韶粉（俗误朝粉）。今则各省直饶为之矣。其质入丹青，则白不减。擦妇人颊能使本色转青。胡粉投入炭炉中，仍还熔化为铅。所谓色尽归皂⑤者。

黄丹：凡炒铅丹，用铅一斤、土硫黄十两、硝石一两。熔铅成汁，下醋点之。滚沸时下硫一块，少顷入硝少许，沸定再点醋，依前渐下硝、黄。待为末，则成丹矣。其胡粉残剩者，用硝石、矾石炒成［黄］丹，不复用醋也。欲丹还铅，用葱白汁拌黄丹慢炒，金汁出时，倾出即还铅矣。

【注释】

①银矿铅：这里指含银方铅矿。

②草节铅：方铅矿。

③嘉、利：现在的四川乐山、广元。

④白粉：碱式碳酸铅。黄丹：四氧化三铅，粉末状，红黄色。

⑤色尽归皂：自白还原为黑。

冶铸第九

宋子曰，首山①之采，肇自轩辕，源流远矣哉。九牧贡金，用襄禹鼎。从此火金功用日异而月新矣。夫金之生也，以土为母。及其成形而效用于世也，母模子肖，亦犹是焉。精粗巨细之间，但见钝者司舂，利者司垦，薄其身以媒合水火而百姓繁。虚其腹以振荡空灵而八音②起，愿者肖仙梵之身，而尘凡有至象。巧者夺上清之魄，而海寓遍流泉。即屈指唱筹，岂能悉数，要之人力不至于此。

【注释】

①首山：位于现在的河南襄城县。
②八音：指八类乐器（金、石、丝、竹、匏、土、革、木），也泛指音乐或乐器的总称。

○鼎

凡铸鼎唐虞以前不可考。唯禹铸九鼎，则因九州贡赋壤则已成，入贡方物岁例已定，疏浚河道已通，《禹贡》业已成书。恐后世人君增赋重敛，后代侯国冒贡奇淫，后日治水之人不由其道，故铸之于鼎。不如书籍之易去，使有所遵守、不可移易，此九鼎所为铸也。

年代久远，末学寡闻，如玭珠、暨鱼^①、狐狸、织皮
之类，皆其刻画于鼎上者，或漫灭改形亦未可知，陋者遂
以为怪物。故《春秋传》有使知神奸、不逢魑魅之说也。
此鼎入秦始亡，而春秋时郜大鼎^②、莒二方鼎^③，皆其列国
自造，即有刻画，必失《禹贡》初旨。此但存名为古物，
后世图籍繁多，百倍上古，亦不复铸鼎，特并志之。

【注释】

①玭珠、暨鱼：蚌珠、美鱼，产于淮水，为进贡方物。

②郜（gào）大鼎：郜为周代侯国，现在的山东成武县。郜大
鼎为郜进献给周的大鼎。

③莒（jǔ）二方鼎：莒
国所铸的赠予郑国公孙侨
的方鼎。

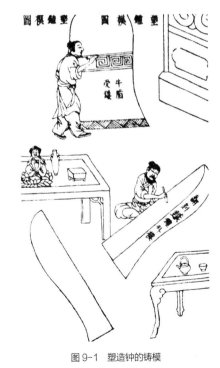

图9-1 塑造钟的铸模

○钟

凡钟为金乐之首，
其声一宣，大者闻十
里，小者亦及里之余。
故君视朝、官出署必用
以集众，而乡饮酒礼^①
必用以和歌。梵宫仙殿
必用以明揳谒者之城，
幽起鬼神之敬。凡铸钟

高者铜质，下者铁质。今北极朝钟[2]则纯用响铜，每口共费铜四万七千斤、锡四千斤、金五十两、银一百二十两于内。成器亦重二万斤，身高一丈一尺五寸，双龙蒲牢[3]高二尺七寸，口径八尺，则今朝钟之制也。

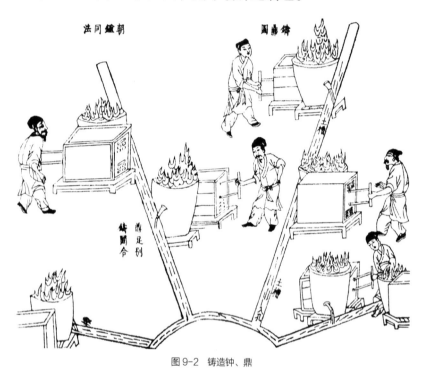

图9-2 铸造钟、鼎

　　凡造万钧钟，与铸鼎法同。掘坑深丈几尺，燥筑其中如房舍，埏泥作模骨[4]。其模骨用石灰、三和土筑，不使有丝毫隙拆。干燥之后以牛油、黄蜡附其上数寸。油蜡分两，油居十八，蜡居十二。其上高蔽抵晴雨（夏月不可为，油不冻结），油蜡墁定，然后雕镂书文、物象，丝发成就。然后舂筛绝细土与炭末为泥，涂墁以渐而加厚至数寸。使其内外透体干坚，外施火力炙化其中油蜡，从口上孔隙熔流净尽，则其中空处即钟鼎托体之区也。

　　凡油蜡一斤虚位，填铜十斤。塑油时尽油十斤，则备铜百斤以俟之。中既空净，则议熔铜。凡火铜至万钧，非手足所能驱使。四面筑炉，四面泥作槽道，其道上口承接炉中，下口斜低以就钟鼎入铜孔，槽旁一齐红炭织围。洪炉熔化时，决开槽梗（先泥土为梗塞住），一齐如水横流，从槽道中枧注而下，钟鼎成矣。凡万钧铁钟与炉、釜，其法皆同，而塑法则由人省啬也。

　　若千斤以内者则不须如此劳费，但多捏十数锅炉。炉

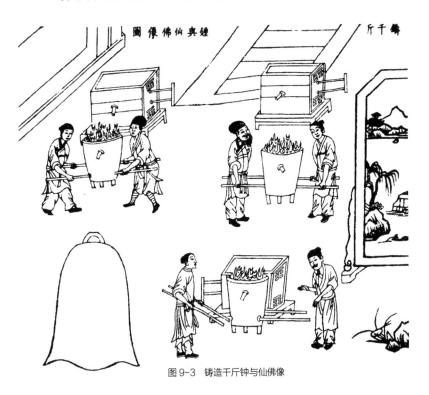

图9-3　铸造千斤钟与仙佛像

形如箕，铁条作骨，附泥做就。其下先以铁片圈筒直透作两孔，以受杠穿。其炉垫于土墩之上，各炉一齐鼓鞴熔化，化后以两杠穿炉下，轻者两人，重者数人抬起，倾注模底孔中。甲炉既倾，乙炉疾继之，丙炉又疾继之，其中自然粘合。若相承迁缓，则先入之质欲冻，后者不粘，衅所由生也。

凡铁钟模不重费油蜡者，先埏土作外模，剖破两边形或为两截，以子口串合，翻刻书文于其上。内模缩小分寸，空其中体，精算而就。外模刻文后，以牛油滑之，使他日器无粘烂。然后盖上，泥合其缝而受铸焉。巨磬、云板⑤，法皆仿此。

【注释】

①乡饮酒礼：这里指官方的酒宴。

②北极朝钟：明代置于宫廷内北极阁中的朝钟。

③蒲牢：一种海兽，传说中吼声巨大，其形象常被铸于钟上，用以象征钟声嘹亮悠远。

④模骨：内模。

⑤云板：形状像云的板，可敲打出声，用于报时或报事。

○釜

凡釜储水受火，日用司命系焉。铸用生铁或废铸铁器为质。大小无定式，常用者径口二尺为率，厚约二分。小者径口半之，厚薄不减。其模内外为两层，先塑其内，俟久日干燥，合釜形分寸于上，然后塑外层盖模。此塑匠最精，差之毫厘则无用。

模既成就干燥，然后泥捏冶炉，其中如釜，受生铁于中。其炉背透管通风，炉面捏嘴出铁。一炉所化约十釜、二十釜之料。铁化如水，以泥固纯铁柄勺从嘴受注。一勺约一釜之料，倾注模底孔内，不俟冷定即揭开盖

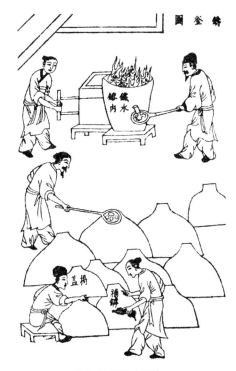

图9-4 铸造釜（锅）

模，看视罅绽未周之处。此时釜身尚通红未黑，有不到处即浇少许于上补完，打湿草片按平，若无痕迹①。

凡生铁初铸釜，补绽者甚多，唯废破釜铁熔铸，则无复隙漏（朝鲜国俗：破釜必弃之山中，不以还炉）。凡釜既成后，试法以轻杖敲之。响声如木者佳，声有差响，则铁质未熟之故，他日易为损坏。海内丛林大处②，铸有千僧锅者，煮糜受米二石，此直痴物③云。

【注释】

①若无痕迹：不留下修补的痕迹。

②丛林大处：大寺庙。

③痴物：笨重之物。

○像、炮、镜

像：凡铸仙佛铜像，塑法与朝钟同。但钟鼎不可接，而像则数接为之，故泻时为力甚易。但接模之法，分寸最精云。

炮：凡铸炮西洋红夷、佛郎机①等用熟铜造，信炮、短提铳②等用生、熟铜兼半造，襄阳、盏口、大将军、二将军③等用铁造。

镜：凡铸镜模用灰沙，铜用锡和（不用倭铅）。《考工记》亦云："金锡相半，谓之鉴、燧④之剂。"开面成光，则水银附体而成，非铜有光明如许也。唐开元宫中镜尽以白银与铜等分铸成，每口值银数两者以此故。朱砂斑点乃金银精华发现（古炉有入金于内者）。我朝宣炉亦缘某库偶灾，金银杂铜锡化作一团，命以铸炉（真者错现金色）。唐镜、宣炉皆朝廷盛世物也。

【注释】

①红夷、佛郎机：荷兰、葡萄牙，这里指的是从这两地传过来的炮。

②信炮、短提铳：信号炮、短筒铳。

③襄阳、盏口、大将军、二将军：均为明代大炮的名称。

④鉴、燧：照面镜、聚焦镜。

○钱　附：铁钱

凡铸铜为钱以利民用。一面刊国号通宝四字，工部分司主之。凡钱通利者，以十文抵银一分值。其大钱当五、当十，其弊便于私铸，反以害民，故中外行而辄不行也。凡铸钱每十斤，红铜居六、七，倭铅（京中名水锡）居四、三，此等分大略。倭铅每见烈火必耗四分之一。我朝行用钱高色者，唯北京宝源局黄钱①与广东高州炉青钱②（高州钱行盛漳、泉路），其价一文敌南直、江浙等二文。黄钱又分二等，四火③铜所铸曰金背钱，二火铜所铸曰火漆钱。

凡铸钱熔铜之罐，以绝细土末（打碎干土砖妙）和炭末为之。（京炉用牛蹄甲，未详何作用。）罐料十两，土居七而炭居三，以炭灰性暖，佐土易化物也。罐长八寸，口径二寸五分。一罐约载铜、铅十斤，铜先入化，然后投〔倭〕铅，洪炉扇合，倾入模内。

凡铸钱模以木四条为空匡（木长一尺一寸，阔一寸二分）。土炭末筛令极细填实框中。微洒杉木炭灰或柳木炭灰于其面上，或熏模④则用松香与清油。然后以母钱百文（用锡雕成），或字或背布置其上。又用一框如前法填实合盖之。既合之后，已成面、背两框，随手覆转，则母钱尽落后框之上。又用一框填实，合上后框，如是转覆，只合十余框，然后

以绳捆定。其木框上弦原留入铜眼孔，铸工用鹰嘴钳，洪
炉提出熔罐。一人以别钳扶抬罐底相助，逐一倾入孔中。
冷定解绳开匡，则磊落百文如花果附枝。模中原印空梗，
走铜如树枝样，夹出逐一摘断，以待磨锉成钱。凡钱先锉
边沿，以竹木条直贯数百文受锉，后锉平面则逐一为之。

图9-5 铸钱

　　凡钱高低以〔倭〕铅多寡分，其厚重与薄削则昭然易
见。〔倭〕铅贱铜贵，私铸者至对半为之。以之掷阶石上，
声如木石者，此低钱也。若高钱铜九铅一，则掷地作金声
矣。凡将成器废铜铸钱者，每火十耗其一。盖铅质先走，
其铜色渐高，胜于新铜初化者。若琉球诸国银钱，其模即

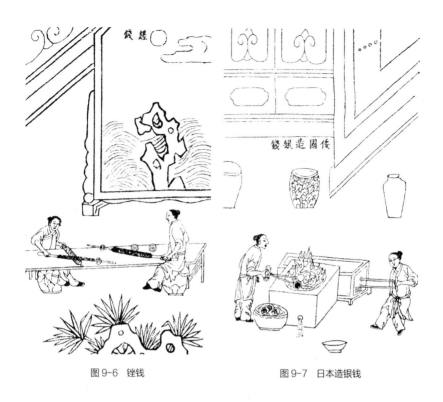

图 9-6 锉钱   图 9-7 日本造银钱

凿镆铁钳头上。银化之时入锅夹取，淬于冷水之中，即落
一钱其内。

　　铁钱：铁质贱甚，从古无铸钱。起于唐藩镇魏博诸
地。铜货不通，始冶为之，盖斯须之计也。皇家盛时，
则冶银为豆⑤，杂伯衰时，则铸铁为钱。并志博物者感慨。

【注释】

　　①黄钱：成分为 60% 铜、40% 锌。

　　②青钱：成分为 50% 铜、41.5% 锌、6.5% 铅、2% 锡。

　　③四火：指铜熔炼净化的次数。

④熏模：撒一层木炭末在模型腔的表面，或者燃烧松香、菜籽油，以烟熏模，这样，当液态金属经过铸模时，炭末燃烧，铸件即可与铸模分离。

⑤冶银为豆：将银制成豆粒模样，撒在地上，让宫女等去争抢，以此取乐。

锤锻第十

宋子曰，金木受攻而物象曲成。世无利器，即般、倕①安所施其巧哉？五兵②之内、六乐③之中，微钳锤之奏功也，生杀之机泯然矣。同出洪炉烈火，大小殊形。重千钧者系巨舰于狂渊；轻一羽者透绣纹于章服。使冶钟铸鼎之巧，束手而让神功焉。莫邪、干将，双龙飞跃，毋其说亦有征焉者乎？

【注释】

①般：公输般，即鲁班。倕：黄帝或尧时的能工巧匠。

②五兵：这里泛指兵器。

③六乐：这里泛指金属打击乐器。

○治铁

凡治铁成器，取已炒熟铁为之。先铸铁成砧①，以为受锤之地。谚云万器以钳为祖，非无稽之说也。凡出炉熟铁名曰毛铁。受锻之时，十耗其三为铁华、铁落。若已成废器未锈烂者，名曰劳铁②。改造他器与本器，再经锤锻，十止耗去其一也。凡炉中炽铁用炭，煤炭居十七，木炭居十三。凡山林无煤之处，锻工先择坚硬条木烧成火墨③（俗名火矢，扬烧不闭穴火），其炎更烈于煤。即用煤炭，也别有铁炭一种，取其火性内攻，焰不虚腾者，与炊炭同形而分类也。

凡铁性逐节粘合，涂上黄泥于接口之上，入火挥槌，泥滓成枵而去，取其神气为媒合。胶结之后非灼红斧斩，永不可断也。凡熟铁、钢铁已经炉锤，水火未济，其质未坚。乘其出火之时入清水淬④之，名曰健钢、健铁。言乎未健之时为钢为铁，弱性犹存也。凡焊铁之法，西洋诸国别有奇药。中华小焊用白铜末，大焊则竭力挥锤而强合之。历岁之久，终不可坚。故大炮西番有锻成者，中国则惟事冶铸也。

【注释】

①砧：底座，煅铸铁器时使用。

②劳铁：意思为废铁。

③火墨：坚硬的木炭。

④淬：淬火，即突然将烧红的器件浸入液体中，目的是使之变得坚硬。

○斤、斧

凡铁兵薄者为刀剑，背厚而面薄者为斧斤。刀剑绝美者以百炼钢包裹其外，其中仍用无钢铁为骨。若非钢表铁里，则劲力所施，即成折断。其次寻常刀斧，止嵌钢于其面。即重价宝刀，可斩钉截铁者，终数千遭磨砺，则钢尽而铁现也。倭国刀背阔不及二分许，架于手指之上，不复敧倒，不知用何锤法，中国未得其传。

凡健刀斧皆嵌钢、包钢，整齐而后入水淬之，其快利则又在砺石成功①也。凡匠斧与椎，其中空管受柄处，皆先打冷铁为骨，名曰羊头。然后熟铁包裹，冷者不沾，自成空隙。凡攻石椎日久四面皆空，熔铁补满平填，再用无弊。

【注释】

①成功：下功夫。

○锄、镈①、锉②、锥

锄、镈：治地生物用锄、镈之属，熟铁锻成，熔化生铁淋口，入水淬健即成刚劲。每锹、锄重一斤者，淋生铁三钱为率。少则不坚，多则过刚而折。

锉：凡铁锉纯钢为之，未健之时钢性亦软。以已健钢錾划成纵斜纹理，划时斜向入，则纹方成焰。划后烧红，退微冷，入水健。久用乖平，入水退去健性，再用錾划。凡锉开锯齿用茅叶锉，后用快弦锉。治铜钱用方长牵锉，锁钥之类用方条锉。治骨角用剑面锉朱注所谓𨫼𨫹③。治木末则锥成圆眼，不用纵斜文者，名曰香锉（划锉纹时，用羊角末和盐、醋先涂）。

锥［钻］：凡锥熟铁锤成，不入钢和。治书篇之类用圆钻，攻皮革用扁钻。梓人转索通眼、引钉合木者用蛇头钻。其制颖上二分许，一面圆，一面剜入，旁起两棱，以便转索。治铜叶用鸡心钻。其通身三棱者名旋钻，通身四棱而末锐者名打钻。

【注释】

①镈：指宽口锄。

②锉（cuō）：一种使工件平滑的工具。

③鑢鍚：一种工具，用于磨骨角。

○锯、铇、凿

锯：凡锯，熟铁锻成薄条，不钢，亦不淬健。出火退烧后，频加冷锤坚性，用锉开齿。两头衔木为梁，纠篾张开，促紧使直。长者剖木，短者截木，齿最细者截竹。齿钝之时频加锉锐而后使之。

铇：凡铇磨砺嵌钢寸铁，露刃秒忽①，斜出木口之面，所以平木，古名曰"准"。巨者卧准露刃，持木抽削，名曰推刨，圆桶家使之。寻常用者横木为两翅，手执前推。梓人为细功者，有起线刨，刃阔二分许。又刮木使极光者名蜈蚣刨，一木之上衔十余小刀，如蜈蚣之足。

凿：凡凿熟铁锻成，嵌钢于口，其本空圆以受木柄。（先打铁骨为模，名曰羊头，勺柄同用）斧从柄催②，入木透眼。其末粗者阔寸许，细者三分而止。需圆眼者则制成剜凿为之。

①秒忽：很短的意思。

②催：同"捶"，击打的意思。

○锚、针

锚：凡舟行遇风难泊，则全身系命于锚。战船、海船有重千钧者。锤法先成四爪，依次逐节接身。其三百斤以内者，用径尺阔砧安顿炉旁，当其两端皆红，掀去炉炭，铁包木棍夹持上砧。若千斤内外者，则架木为棚，多人立其上共持铁链，两接锚身，其末皆带巨铁圈链套，提起掀

图 10-1　锤锚

转，咸力锤合。合药不用黄泥，先取陈久壁土筛细，一人频撒接口之中，浑合方无微罅。盖炉锤之中，此物最巨者。

　　针：凡针先锤铁为细条，用铁尺^①一根锥成线眼，抽过条铁成线，逐寸剪断为针。先镟其末成颖，用小槌敲扁其本，钢锥穿鼻，复镟其外。然后入釜慢火炒熬。炒后以土末入松木火矢^②、豆豉三物掩盖，下用火蒸。留针二三口插于其外以试火候。其外针入手捻成粉碎，则其下针火候皆足。然后开封，入水健之。凡引线成衣与刺

图 10-2　抽线琢针

绣者，其质皆刚。惟马尾刺工为冠者，则用柳条软针。分别之妙，在于水火健法云。

【注释】

①铁尺：用于拉丝的模具。

②松木火矢：松木炭粉。

○治铜

凡红铜升黄①而后熔化造器，用砒升者为白铜器，工费倍难，侈者事之。凡黄铜原从炉甘石升者，不退火性受

图 10-3　锤钲与镯（锤锣）

锤。从倭铅升者，出炉退火性，以受冷锤。凡响铜入锡参和，（法具《五金》卷）。成乐器者，必圆成无焊。其余方圆用器，走焊、炙火粘合。用锡末者为小焊，用响铜末者为大焊。（碎铜为末，用饭粘合打，入水洗去饭，铜末具存，不然则撒散）若焊银器则用红铜末。

凡锤乐器，锤钲（俗名锣）不事先铸，熔团即锤。镯②（俗名铜鼓）与丁宁③，则先铸成圆片然后受锤。凡锤钲、镯皆铺团于地面。巨者众共挥力，由小阔开，就身起弦声，俱从冷锤点发。其铜鼓中间突起隆泡，而后冷锤开声。声分雌与雄④，则在分厘起伏之妙。重数锤者其声为雄。凡铜经锤之后，色成哑白，受镑复现黄光。经锤折耗，铁损其十者，铜只去其一。气腥而色美，故锤工亦贵重铁工一等云。

【注释】

①黄：这里指黄铜。

②镯：军中使用的一种乐器，形状像钟。

③丁宁：行军时使用的铜钲。

④声分雌与雄：高音调为雌，低音调为雄。

陶埏^①第十一

宋子曰，水火既济而土合。万室之国，日勤千人而不足，民用亦繁矣哉。上栋下室以避风雨^②，而瓴建焉。王公设险以守其国，而城垣、雉堞^③，寇来不可上矣。泥瓮坚而醴酒欲清，瓦登^④洁而醯醢以荐。商周之际，俎豆以木为之，毋亦质重之思耶？后世方土效灵，人工表异，陶成雅器，有素肌、玉骨之象焉。掩映几筵，文明可掬。岂终固哉！

【注释】

①陶埏（shān）：将黏土揉合在一起烧制成陶器。

②上栋下室以避风雨：此句说明了屋瓦的作用。

③雉堞（zhì dié）：城墙上突起的锯齿状小矮墙。

④瓦登：古代的高脚器皿，用于盛食物。

〇瓦

凡埏泥^①造瓦，掘地二尺余，择取无沙粘土而为之。百里之内必产合用土色，供人居室之用。凡民居瓦形皆四合分片。先以圆桶为模骨，外画四条界。调践熟泥，叠成高长方条（然后用铁线弦弓）。线上空三分，以尺限定，向泥不平夏一片，似揭纸而起，周包圆桶之上。待其稍干，脱模而出，自然裂为四片。凡瓦大小若无定式，大者纵横八九寸，小者缩十之三。室宇合沟中，则必需其最大者，名曰沟瓦，能承受淫雨不溢漏也。

凡坯既成，干燥之后则堆积窑中，燃薪举火。或一昼夜或二昼夜，视窑中多少为熄火久暂。浇水转釉（音右）与造砖同法。其垂于檐端者有"滴水"，下于脊沿者有"云瓦"，瓦掩覆脊者有"抱同"，镇脊两头者有鸟兽诸形象。皆人工逐一作成，载于窑内，受水火而成器则一也。

图 11-1 造瓦坯　　　　　图 11-2 瓦坯脱桶

若皇家宫殿所用，大异于是。其制为琉璃瓦者，或为板片，或为宛筒，以圆竹与斫木为模，逐片成造。其土必取于太平府②（舟运三千里方达京师。参沙之伪，雇役、掳船之扰，害不可极。即承天皇陵，亦取于此，无人议正）造成，先装入琉璃窑内，每柴五千斤烧瓦百片。取出成色，以无名异③、棕榈毛等煎汁涂染成绿，黛赭石、松香、蒲草等涂染成黄。再入别窑，减杀薪火，逼成琉璃宝色。外省亲王殿与仙佛宫观间亦为之，但色料各有配合，采取不必尽同。民居则有禁也。

【注释】

①埏泥：以水和黏土。

②太平府：现在的安徽当涂县。

③无名异：用作瓷器釉料的矿土，含二氧化锰和氧化钴。

○砖

凡埏泥造砖，亦掘地验辨土色，或蓝或白，或红或黄。（闽产多红泥，蓝者名"善泥"，江浙①居多）皆以粘而不散，粉而不沙者为上。汲水滋土，人逐数牛错趾，踏成稠泥。然后填满木框之中，铁线弓戛平其面，而成坯形。

凡郡邑城雉、民居垣墙所用者，有眠砖、侧砖两色。眠砖方长条砌，城郭与民人饶富家，不惜工费，直叠而上。民居算计者，则一眠之上施侧砖一路，填土砾其中以实之，盖省啬之义也。凡墙砖而外，墁地②者曰方墁砖。

图 11-3 泥造砖坯

榱桷③上用以承瓦者曰楻板砖。圆鞠小桥梁与圭门与窀穸墓穴者曰刀砖，又曰鞠砖。凡刀砖削狭一偏面，相靠挤紧，上砌成圆。车马践压不能损陷。造方墁砖，泥入方框中，平板盖面，两人足立其上，研转而坚固之，烧成效用。石工磨矺四沿，然后氎地。刀砖之值视墙砖稍溢一分，楻板砖则积十以当墙砖之一，方墁砖则一以敌墙砖之十也。

凡砖成坯之后，装入窑中。所装百钧则火力一昼夜，二百钧则倍时而足。凡烧砖有柴薪窑，有煤炭窑。用薪者出火成青黑色，用煤者出火成白色。凡柴薪窑巅上侧凿三孔以出烟。火足止薪之候，泥固塞其孔，然后使水转釉。凡火候少一两，则釉色不光。少三两则名嫩火砖，本色杂现，他日经霜冒雪则立成解散，仍还土质。火候多一两则砖面有裂纹。多三两则砖形缩小拆裂，屈曲不伸，击之如碎铁然，不适于用。巧用者以之埋藏土内为墙脚，则亦有

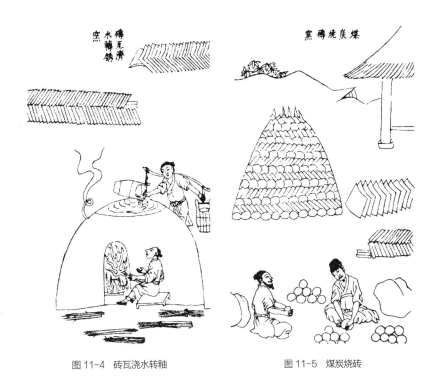

图 11-4 砖瓦浇水转釉　　　　图 11-5 煤炭烧砖

砖之用也。凡观火候，从窑门透视内壁，土受火精，形神摇荡，若金银熔化之极然，陶长辨之。

凡转釉之法，窑巅作一平田样，四围稍弦起，灌水其上。砖瓦百钧用水四十石。水神透入土膜之下，与火意相感而成。水火既济，其质千秋矣。若煤炭窑视柴窑深欲倍之，其上圆鞠渐小，并不封顶。其内以煤造成尺五径阔饼，每煤一层，隔砖一层，苇薪垫地发火。若皇家居所用砖，其大者厂在临清，工部分司主之。初名色有副砖、券砖、平身砖、望板砖、斧刃砖、方砖之类，后革去半。运至京师，每漕舫搭四十块，民舟半之。又细料方砖以甃正殿者，则由苏州造解。其琉璃砖色料已载《瓦》款。取薪台基厂④，烧由黑窑⑤云。

【注释】

①江浙：这里指的应是浙江。

②甃（zhòu）地：指以砖、石等砌地。

③桷（jué）：指方形的椽子。

④台基厂：位于北京崇文门西。

⑤黑窑：明代烧造砖瓦的地方，专供于宫廷，位于北京右安门内。

○罂①、瓮

凡陶家为缶属，其类百千。大者缸瓮，中者钵盂，小者瓶罐，款制各从方土，悉数之不能。造此者必为圆而不方之器。试土寻泥之后，仍制陶车旋盘。工夫精熟者视器大小掐泥，不甚增多少。两人扶泥旋转，一掐而就。其朝廷所用龙凤缸，

图 11-6 造瓶

图 11-7 造缸

（窑在真定、曲阳与扬州仪真，）与南直花缸，则厚积其泥，以俟雕镂，作法全不相同。故其值或百倍，或五十倍也。

凡罂缶有耳嘴者皆另为合上，以釉水涂沾。陶器皆有底，无底者则陕以西炊甑用瓦不用木也。凡诸陶器精者中外皆过釉，粗者或釉其半体。惟沙盆、齿钵之类，其中不釉，存其粗涩以受研擂之功。沙锅、沙罐不釉，利于透火性以熟烹也。凡釉质料随地而生，江、浙、闽、广用者蕨蓝草②一味。其草乃居民供灶之薪，长不过三尺，枝叶似杉木，勒而不棘人。（其名数十，各地不同）陶家取来燃灰，布袋灌水澄滤，去其粗者，取其绝细。每灰二碗参以红土泥水一碗，搅令极匀，蘸涂坯上，烧出自成光色。北方未详用何物。苏州黄罐釉亦别有料。惟上用龙凤器则仍用松香与无名异也。

凡瓶窑烧小器，缸窑烧大器。山西、浙江各分缸窑、瓶窑，余省则合一处为之。凡造敞口缸，旋成两截，接合处以木椎内外打紧。匜口坛、罂亦两截，接内不便用椎，预于别窑烧成瓦圈，如金刚圈形，托印其内，外以木椎打紧，土性自合。

缸窑、瓶窑不于平地，必于斜阜山冈之上，延长者或二三十丈，短者亦十余丈，连接为数十窑，皆一窑高一级。盖依傍山势，所以驱流水湿滋之患，而火气又循级透上。其数十方成陶者，其中苦无重值物，合并众力、众资而为之也。其窑鞠成之后，上铺覆以绝细土，厚三寸许。窑隔五尺许，则透烟窗，窑门两边相向而开。装物以至小器，装载头一低窑；绝大缸罂装在最末尾高窑。发火先从头一低窑起，两人对面交看火色。大抵陶器一百三十斤费薪百斤。火候足时，掩闭其门，然后次发第二火，以次结竟至尾云。

【注释】

①罂（yīng）：陶瓷瓶，形状为口小腹大。
②蕨蓝草：凤尾草。

○白瓷　附：青瓷

凡白土曰垩土，为陶家精美器用。中国出惟五六处，北则真定州①、平凉华亭、太原平定、开封禹州，南则泉郡德化（土出永定，窑在德化）、徽郡婺源、祁门②（他处白土陶范不粘，或以扫壁为墁）。德化窑惟以烧造瓷仙、精巧人物、玩器，不适实用。真、开等郡瓷窑所出，色或黄滞无宝光，合并

図 11-8　瓶窑连接缸窑

数郡，不敌江西饶郡产。浙省处州丽水、龙泉两邑烧造过
釉杯碗，青黑如漆，名曰处窑。宋、元时龙泉琉华山下有
章氏造窑，出款贵重，古董行所谓哥窑器者即此。

　　若夫中华四裔驰名猎取者，皆饶郡浮梁景德镇之产
也。此镇从古及今为烧器地，然不产白土。土出婺源、祁
门二山。一名高梁山③，出粳米土，其性坚硬。一名开化
山④，出糯米土，其性粢软。两土和合，瓷器方成。其土
作成方块，小舟运至镇。造器者将两土等分入臼舂一日，
然后入缸水澄。其上浮者为细料，倾跌过一缸。其下沉底
者为粗料。细料缸中再取上浮者，倾过为最细料，沉底

図 11-9　造圆形瓷器陶车及过利

图 11-10　瓷坯汶水（沾水）

者为中料。既澄之后，以砖砌方长塘，逼靠火窑，以借火力。倾所澄之泥于中吸干，然后重用清水调和造坯。

凡造瓷坯有两种，一曰印器，如方圆不等瓶、瓮、炉、盒之类，御器则有瓷屏风、烛台之类。先以黄泥塑成模印，或两破或两截，亦或阴阳，然后埏白泥印成，以釉水涂合其缝，烧出时自圆成无隙。一曰圆器，凡大小亿万杯、盘之类，乃生人日用必需。造者居十九，而印器则十一。造此器坯先制陶车。车竖直木一根，埋三尺入土内，使之安稳。上高二尺许，上下列圆盘，盘沿以短竹棍拨运旋转，盘顶正中用檀木刻成盔头帽其上。

凡造杯、盘无有定形模式，以两手捧泥盔帽之上，旋盘使转。拇指剪去甲，按定泥底，就大指薄旋而上，即成一杯碗之形（初学者任从作废，破坯取泥再造）。功多业熟，即千万如出一范。凡盔冒上造小坯者，不必加泥，造中盘、大碗则增泥大其帽，使干燥而后受功。凡手指旋成坯后，覆转用盔冒一印，微晒留滋润，又一印，晒成极白干。入水一汶，漉上盔冒，过利刀二次（过刀时手脉微振，烧出即成雀口）。然后补整碎缺，就车上旋转打圈。圈后，或画或书字，画后喷水数口，然后过釉。

图 11-11　瓷器过釉　　　　　图 11-12　坯体上画回青

凡为碎器⑤与千钟粟⑥与褐色杯等，不用青料。欲为碎器，利刀过后，日晒极热，入清水一蘸而起，烧出自成裂纹。千钟粟则釉浆捷点，褐色［杯］则老茶叶煎水一抹也。（古碎器，日本国极珍重，真者不惜千金。古香炉碎器不知何代造，底有铁钉，其钉掩光色不锈）

凡饶镇白瓷釉，用小港嘴⑦泥浆和桃竹⑧叶灰调成，似清泔汁（泉郡瓷仙用松毛水调泥浆。处郡青瓷釉未详所出），盛于缸内。凡诸器过釉，先荡其内，外边用指一蘸涂弦，自然流遍。凡画碗青料总一味无名异（漆匠煎油，亦用以收火色）。

图 11-13　瓷器窑

此物不生深土，浮生地面。深者挖下三尺即止，各省直皆有之。亦辨认上料、中料、下料，用时先将炭火丛红煅过。上者出火成翠毛色，中者微青，下者近土褐。上者每斤煅出只得七两，中、下者以次缩减。如上品细料器及御器龙凤［缸］等，皆以上料画成。故其价每石值银二十四两，中者半之，下者则十之三而已。

凡饶镇所用，以衢、信两郡山中者为上料，名曰浙料。上高诸邑者为中，丰城诸处者为下也。凡使料煅过之后，以乳钵极研（其钵底留粗，不转釉），然后调画水。调研时色如皂，入火则成青碧色。凡将碎器为紫霞色杯者，用胭脂打湿，将铁线纽一兜络，盛碎器其中，炭火炙热，然后以湿胭脂一抹即成。凡宣红器乃烧成之后出火，另施工巧微炙而成者，非世上朱砂能留红质于火内也。（宣红元末已失传，正德中历试复造出）

凡瓷器经画过釉之后，装入匣钵（装时手拿微重，后日烧出即成坳口，不复周正）。钵以粗泥造，其中一泥饼托一器，底空处以沙实之。大器一匣装一个，小器十余共一匣钵。钵佳者装烧十余度，劣者一二次即坏。凡匣钵装器入窑，然后举火。其窑上空十二圆眼，名曰天窗。火以十二时辰为足。先发门火十个时，火力从下攻上。然后天窗掷柴烧两时，火力从上透下。器在火中，其软如棉絮。以铁叉取一以验火候之足。辨认真足，然后绝薪止火，共计一杯工力，过手七十二方克成器，其中微细节目尚不能尽也。

窑变、回青：正德中，内使监造御器。时宣红失传不成，身家俱丧。一人跃入自焚，托梦他人造出，竟传窑变，好异者遂妄传烧出鹿、象诸异物也。又回青乃西域大青，美者亦名佛头青。上料无名异出火似之，非大青能入洪炉存本色也。

【注释】

①真定州：现在的河北定州，出产白瓷。

②徽郡婺源、祁门：现在的江西婺源、安徽祁门。

③高梁山：高岭，此地所产瓷土质硬。

④开化山：位于现在的安徽祁门，此地所产瓷土质软、性黏。

⑤碎器：碎瓷。

⑥千钟粟：瓷器，所带花纹为米粒状。

⑦小港嘴：位于景德镇附近。

⑧桃竹：杨桃藤。

燔石^①第十二

宋子曰：五行之内，土为万物之母。子之贵者岂惟五金哉！金与火相守而流，功用谓莫尚焉矣。石得燔而咸功，盖愈出而愈奇焉。水浸淫而败物，有隙必攻，所谓不遗丝发者。调和一物以为外拒，漂海则冲洋澜，粘甃则固城雉。不烦历候远涉，而至宝得焉。燔石之功，殆莫之与京矣。至于矾现五色之形，硫为群石之将，皆变化于烈火。巧极丹铅炉火。方士纵焦劳唇舌，何尝肖像天工之万一哉！

【注释】

①燔（fán）石：这里指的是非金属矿石的烧制。

○石灰、蛎灰

石灰：凡石灰经火焚炼为用。成质之后，入水永劫不坏。亿万舟楫，亿万垣墙，窒缝防淫是必由之。百里内外，土中必生可燔石。石以青色为上，黄白次之。石必掩土内二三尺，掘取受燔，土面见风者不用。燔灰火料，煤炭居十九，薪炭居十一。先取煤炭，泥和做成饼。每煤饼一层，叠石一层，铺薪其底，灼火燔之。最佳者曰矿灰，

图12-1 煤饼烧石成灰、烧蛎房

最恶者曰窑滓灰。火力到后,烧酥石性,置于风中,久自吹化成粉。急用者以水沃之,亦自解散。

凡灰用以固舟缝,则桐油、鱼油调,厚绢、细罗和油杵千下塞舱①。用以砌墙、石,则筛去石块,水调粘合。甃墁则仍用油、灰。用以垩墙壁,则澄过,入纸筋涂墁。用以襄墓②及贮水池,则灰一分入河沙、黄土三分,用糯米糨、杨桃藤汁和匀,轻筑坚固,永不隳坏,名曰三和土。其余造淀、造纸,功用难以枚举。凡温、台、闽、广海滨,石不堪灰者,则天生蛎蚝以代之。

蛎③灰:凡海滨石山旁水处,咸浪积压,生出蛎房,闽中曰蚝房。经年久者长成数丈,阔则数亩,崎岖如石假山形象。蛤之类压入岩中,久则消化作肉团,名曰蛎黄,味极珍美。凡燔蛎灰者,执锥与凿,濡足④取来(药铺所货牡蛎,即此碎块),叠煤架火燔成,与前石灰共法。粘砌城墙、桥梁，调和桐油造舟，功〔用〕皆相同。有误以蚬灰（即蛤粉）为蛎灰者，不格物之故也。

【注释】

①舱：船缝。

②襄墓：修建坟墓。

③蛎：牡蛎。

④濡足：涉水。

○煤炭

凡煤炭普天皆生，以供煅炼金、石之用。南方秃山无

图 12-2 凿取蛎房

草木者，下即有煤，北方勿论。煤有三种，有明煤、碎煤、末煤。明煤块大如斗许，燕、齐、秦、晋生之。不用风箱鼓扇，以木炭少许引燃，煿炽①达昼夜。其旁夹带碎屑，则用洁净黄土调水作饼而烧之。碎煤有两种，多生吴、楚。炎高者曰饭炭，用以炊烹。炎平者曰铁炭，用以冶煅。入炉先用水沃湿，必用鼓鞴后红，以次增添而用。末煤如面者，名曰自来风。泥水调成饼，入于炉内。既灼之后，与明煤相同，经昼夜不灭。半供炊爨，半供熔铜、

化石、升朱②。至于
燔石为灰与矾、硫，
则三煤皆可用也。

凡取煤经历久
者，从土面能辨有无
之色，然后掘挖。深
至五丈许，方始得
煤。初见煤端时，毒
气灼人。有将巨竹凿
去中节，尖锐其末，
插入炭中，其毒烟从
竹中透上。人从其下
施镬拾取者。或一井
而下，炭纵横广有，
则随其左右阔取。其
上支板，以防压崩耳。

图 12-3　南方挖煤

凡煤炭取空而后，以土填实其井。经二三十年后，其
下煤复生长，取之不尽。其底及四周石卵，土人名曰铜炭③
者，取出烧皂矾与硫黄（详后款）。凡石卵单取硫黄者，其
气薰甚④，名曰臭煤。燕京房山、固安，湖广荆州等处间
亦有之。凡煤炭经焚而后，质随火神化去，总无灰滓。盖
金与土石之间，造化别现此种云。凡煤炭不生茂草盛木之
乡，以见天心之妙。其炊爨功用所不及者，唯结腐一种而
已（结豆腐者，用煤炉则焦苦）。

【注释】

①熯（hàn）炽：猛烈燃烧。

②升朱：炼取朱砂。

③铜炭：这里指的是黄铁矿。

④其气薰甚：燃烧后生成二氧化硫或硫化氢等臭味气体，所以味道十分难闻。

○矾石、白矾

凡矾①，燔石而成。白矾一种亦所在有之，最盛者山西晋、南直无为等州。值价低廉，与寒水石②相仿。然煎水极沸，投矾化之，以之染物，则固结肤膜之间，外水永不入。故制糖饯与染画纸、红纸者需之。其末干撒，又能冶浸淫恶水，故湿创家亦急需之也。

凡白矾，掘土取磊块石，层叠煤炭饼锻炼，如烧石灰样。火候已足，冷定入水。煎水极沸时，盘中有溅溢，如物飞出，俗名蝴蝶矾者，则矾成矣。煎浓之后，入水缸内澄。其上隆结曰吊矾，洁白异常。其沉下者曰缸矾，轻虚如棉絮者曰柳絮矾。烧汁至尽，白如雪者谓之巴石。方药家煅过用者曰枯矾③云。

【注释】

①矾：金属的硫酸盐的总称。

②寒水石：石膏。

③枯矾：明矾受热，脱去结晶水后称为枯矾。

○青矾、红矾、黄矾、胆矾

青矾：凡皂、红、黄矾，皆出一种而成[1]，变化其质。取煤炭外矿石俗名铜炭子，每五百斤入炉，炉内用煤炭饼（[即]自来风，不用鼓鞴者）千余斤，周围包裹此石。炉外砌筑土墙圈围，炉颠空一圆孔，如茶碗口大，透炎直上，孔旁以矾滓厚掩（此滓不知起自何世，欲作新炉者，非旧滓掩盖则不成）。然后从底发火，此火度经十日方熄。其孔眼时有金色光直上（取硫，详后款）。

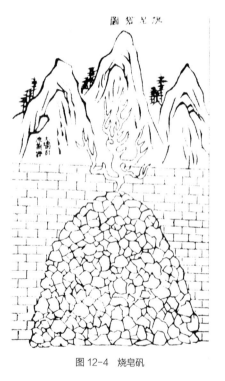

图12-4 烧皂矾

红矾：煅经十日后，冷定取出。半酥杂碎者另拣出，名曰时矾，为煎矾红用。其中精粹如矿灰形者，取入缸中浸三小时，漉入釜中煎炼。每水十石，煎至一石，火候方足。煎干之后，上结者皆佳好皂矾，下者为矾滓（后炉用此盖）。此皂矾染家必需用[2]，中国煎者亦唯五六所。原石五百斤，成皂矾二百斤，[此]其大端也。其拣出时矾（俗又名鸡屎矾），每斤入黄土四两，入罐熬炼，则成矾红，圬墁及油漆家用之。

黄矾：其黄矾所出又奇甚。乃即炼皂矾炉侧土墙，春夏经受火石精气，至霜降、立冬之交，冷静之时，其墙上自然爆出此种，如淮北砖墙生焰硝样。刮取下来，名曰黄矾，染家用之。金色浅者涂炙，立成紫赤也。其黄矾自外国来，打破中有金丝者，名曰波斯矾③，别是一种。

胆矾：又山、陕烧取硫黄山上，其滓弃地二三年后，雨水浸淋，精液流入沟麓之中，自然结成皂矾。取而货用，不假煎炼。其中色佳者，人取以混石胆④云。石胆一名胆矾者，亦出晋、隰⑤等州，乃山石穴中自结成者，故绿色带宝光。烧铁器淬于胆矾水中，即成铜色也。本草载矾虽五种，并未分别原委。其昆仑矾状如黑泥，铁矾状如赤石脂⑥者，皆西域产也。

【注释】

①凡皂、红、黄矾，皆出一种而成：皂矾为蓝绿色的硫酸亚铁，红矾为三氧化二铁，黄矾为九水硫酸铁，都是铁的化合物。

②皂矾染家必需用：皂矾即可染色，也可作为媒染剂。

③波斯矾：带有金丝纹理的黄矾。

④石胆：蓝色五水硫酸铜。

⑤隰（xí）：现在的陕西隰县。

⑥赤石脂：红色矿土，含三氧化铁。

○硫黄

凡硫黄，乃烧石承液①而结就。著书者误以焚石为矾石，逐有矾液之说。然烧取硫黄［之］石②，半出特生白石，半出煤矿烧矾石，此矾液之说所由混也。又言中国有温泉处必有硫黄，今东海、广南产硫黄处又无温泉，此因温泉水气似硫黄，故意度言之也。

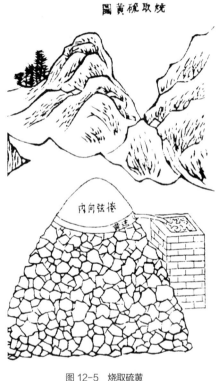

图 12-5 烧取硫黄

凡烧硫黄石，与煤矿石同形。掘取其石，用煤炭饼包裹丛架，外筑土作炉。炭与石皆载千斤于内，炉上用烧硫旧滓掩盖，中顶隆起，透一圆孔其中。火力到时，孔内透出黄焰金光。先放陶家烧一钵盂，其盂当中隆起，边弦卷成鱼袋③样，覆于孔上。石精感受火神，化出黄光飞走，遇盂掩住，不能上飞，则化成液汁靠着盂底，其液流入弦袋之中。其弦又透小眼，流入冷道灰槽小池，则凝结而成硫黄矣。

其炭煤矿石浇取皂矾者，当其黄光上走时，仍用此法掩盖，以取硫黄。得硫一斤，则减去皂矾三十余斤。其矾精华已结硫黄，则枯滓遂为弃物。凡火药，硫为纯阳，硝为纯阴，两精逼合，成声成变，此乾坤幻出神物也。硫黄不产北狄，或产而不知炼取亦不可知。至奇炮出于西洋与红夷，则东徂西数万里，皆产硫之地也。其琉球土硫黄、广南水硫黄，皆误记也。

图 12-6 烧砒

【注释】

①承液：所得到的液体。

②硫黄之石：主要指硫铁矿。

③鱼袋：唐朝的鱼形官符，装于袋中，佩戴在腰上，称为鱼袋。依据不同的等级，鱼袋的材质分为金、银、玉三种。

○砒石①

凡烧砒霜②质料，似土而坚，似石而碎，穴土数尺而取之。江西信郡、河南信阳州皆有砒井，故名信石。近则出产独盛衡阳，一厂有造至万钧者。凡砒石井中，其上常有浊绿水，先绞水尽，然后下凿。砒有红、白两种，各因所出原石色烧成。

凡烧砒，下鞠土窑，纳石其上，上砌曲突，以铁釜倒悬覆突口。其下灼炭举火，其烟气从曲突内熏贴釜上。度其已贴一层，厚结寸许，下复息火。待前烟冷定，又举次火，熏贴如前。一釜之内数层已满，然后提下，毁釜而取砒。故今砒底有铁沙，即破釜滓也。凡白砒止此一法。红砒则分金炉内银铜恼气有闪成者。

凡烧砒时，立者必于上风十余丈外，下风所近，草木皆死。烧砒之人经两载即改徙，否则须发尽落。此物生人食过分厘立死。然每岁千万金钱速售不滞者，以晋地菽、麦必用拌种，且驱田中黄鼠害。宁、绍郡稻田必用蘸秧根，则丰收也。不然，火药③与染铜④需用能几何哉！

【注释】

①砒石：指砷矿石。

②砒霜：三氧化二砷，由砒石烧制而成。

③火药：自宋代起，砒霜常被加入火药配方中，以制成带有毒烟的火药。

④染铜：将砒霜等与铜烧制成铜合金。

卷
下

杀青^①第十三

宋子曰，物象精华、乾坤微妙，古传今而华达夷，使后起含生目授而心识之，承载者以何物哉？君与民通，师将弟命，凭借咕咕口语，其与几何？持寸符、握半卷，终事诠旨，风行而冰释焉。覆载之间之借有楮先生^②也，圣顽咸嘉赖之矣。身为竹骨与木皮，杀其青而白乃见，万卷百家，基从此起，其精在此，而其粗效于障风、护物之间。事已开于上古，而使汉、晋时人擅名记者，何其陋哉。

【注释】

①杀青：这里指的是去竹青以造纸。

②楮（chǔ）先生：出自韩愈《昌黎集》，指代纸。

○纸料

凡纸质用楮树^①（一名榖树）皮与桑穰、芙蓉膜等诸物者为皮纸。用竹麻者为竹纸。精者极其洁白，供书文、印文、柬、启用。粗者为火纸^②、包裹纸。所谓杀青，以斩竹得名，汗青以煮沥得名，简即已成纸名，乃煮竹成简。后人遂疑削竹片以纪事，而又误疑"韦编"为皮条穿竹札也。秦火^③未经时，书籍繁甚，削竹能藏几何？如西番用贝树造成纸叶，中华又疑以贝叶书经典。不知树叶离根即焦，与削竹同一可晒也。

【注释】

①楮树：其树皮可用于造纸。

②火纸：做冥币以焚烧的纸。

③秦火：指秦始皇焚书之事。

○造竹纸

凡造竹纸，事出南方，而闽省独专其盛。当笋生之后，看视山窝深浅，其竹以将生枝叶者为上料。节届芒种

图 13-1　砍竹、沤竹　　　　　图 13-2　蒸煮

则登山斫伐。截断五、七尺长，就于本山开塘一口，注水其中漂浸。恐塘水有涸时，则用竹枧通引，不断瀑流注入。浸至百日之外，加工槌洗，洗去粗壳与青皮（是名杀青）。其中竹穰形同苎麻样。用上好石灰化汁涂浆，入楻桶[1]下煮，火以八日八夜为率。

凡煮竹，下锅用径四尺者，锅上泥与石灰捏弦，高阔如广中煮盐牢盆样，中可载水十余石。上盖楻桶，其围丈五尺，其径四尺余。盖定受煮，八日已足。歇火一日，揭楻取出竹麻，入清水漂塘之内洗净。其塘底面、四维皆用木板合缝砌完，以防泥污（造粗纸者，不须为此）洗净，用

图 13-3　荡帘抄纸　　　　　　图 13-4　覆帘压纸

柴灰浆过，再入釜中，其中按平，平铺稻草灰寸许。桶内水滚沸，即取出别桶之中，仍以灰汁淋下。倘水冷，烧滚再淋。如是十余日，自然臭烂。取出入臼受舂（山国[②]皆有水碓）。舂至形同泥面，倾入槽内。

凡抄纸槽，上合方斗，尺寸阔狭，槽视帘，帘视纸。竹麻已成，槽内清水浸浮其面三寸许，入纸药[③]水汁于其中（形同桃竹叶，方语无定名），则水干自成洁白。凡抄纸帘，用刮磨绝细竹丝编成。展卷张开时，下有纵横架框。两手持帘入水，荡起竹麻入于帘内。厚薄由人手法，轻荡则薄，重荡则厚。竹料浮帘之顷，水从四际淋下槽内。然后覆

图 13-5　焙纸

帘，落纸于板上，叠积千万张。数满则上以板压，俏绳入棍，如榨酒法，使水气净尽流干。然后以轻细铜镊逐张揭起焙干。凡焙纸，先以土砖砌成夹巷，下以砖盖巷地面，数块以往即空一砖。火薪从头穴烧发，火气从砖隙透巷，外砖尽热，湿纸逐张贴上焙干，揭起成帙。

近世阔幅者名大四连，一时书文贵重。其废纸洗去朱墨、污秽，浸烂，入槽再造，全省从前煮浸之力，依然成纸，耗亦不多。南方竹贱之国，不以为然。北方即寸条片角在地，随手拾取再造，名曰还魂纸。竹与皮、精与粗，皆同之也。若火纸、糙纸，斩竹煮麻、灰浆水淋，皆同前法。唯脱帘之后不用烘焙。压水去湿，日晒成干而已。

盛唐时鬼神事繁，以纸钱代焚帛。（北方用切条，名曰板钱）故造此者名曰火纸。荆楚近俗有一焚侈至千斤者。此纸十七供冥烧，十三供日用。其最粗而厚者名曰包裹纸，则竹麻和宿田晚稻稿所为也。若铅山④诸邑所造柬纸，则全用细竹料厚质荡成，以射重价⑤。最上者曰官柬，富贵之家通刺用之。其纸敦厚而无筋膜，染红为吉柬，则以白矾水染过，后上红花汁云。

【注释】

①楻桶：置于蒸煮锅中的大木桶，造纸原料放于其中蒸煮。

②山国：这里指的是南方山区。

③纸药：纸槽中作为纸浆悬浮剂的植物黏液。

④铅山：位于江西。

⑤射重价：谋求高价。

○造皮纸

凡楮树取皮，于春末、夏初剥取。树已老者，就根伐去，以土盖之。来年再长新条，其皮更美。凡皮纸，楮皮六十斤，仍入绝嫩竹麻四十斤，同塘漂浸，同用石灰浆涂，入釜煮糜。近法省啬者，皮、竹十七而外，或入宿田稻稿十三，用药得方，仍成洁白。凡皮料坚固纸，其纵文扯断如绵丝，故曰绵纸。衡断且费力。其最上一等供用大内糊窗格者，曰棂纱纸。此纸自广信郡造，长过七尺，阔过四尺。五色颜料，先滴色汁槽内和成，不由后染。其次曰连四纸，连四中最白者曰红上纸。皮、竹与稻稿掺和而成料者，曰揭贴①呈文纸。

芙蓉等皮造者，统曰小皮纸，在江西则曰中夹纸。河南所造，未详何草木为质，北供帝京，产亦甚广。又桑皮造者曰桑穰纸，极其敦厚。东浙所产，三吴收蚕种者必用之。凡糊雨伞与油扇，皆用小皮纸。凡造皮纸长阔者，其盛水槽甚宽。巨帘非一人手力所胜，两人对举荡成。若棂纱〔纸〕则数人方胜其任。凡皮纸供用画幅，先用矾水荡过②，则毛茨不起。纸以逼帘者为正面，盖料即成泥浮其上者，粗意犹存也。

朝鲜白硾纸不知用何质料。倭国有造纸不用帘抄者，煮料成糜时，以巨阔青石覆于炕面，其下爇火，使石发烧。然后用糊刷蘸糜，薄刷石面，居然顷刻成纸一张，一揭而起。其朝鲜用此法与否，不可得知。中国有用此法者，亦不可得知也。永嘉蠲糨纸③亦桑穰造。四川薛涛笺④亦芙蓉皮为料煮糜，入芙蓉花末汁。或当时薛涛所指，遂留名至今。其美在色，不在质料也。

【注释】

①揭贴：明代直奏皇帝的机密呈文。

②矾水荡过：用明矾水处理过的纸叫熟纸，表面性能可得到改善。

③蠲糨（juān qiáng）纸：桑皮纸，颜色洁白，质地坚滑。

④薛涛笺：唐朝女诗人薛涛用于写诗的长方形粉色小纸，被后人称为"薛涛笺"。

丹青第十四

宋子曰，斯文千古之不坠也，注玄尚白[1]，其功孰与京哉？离火红[2]而至黑孕其中，水银白而至红呈其变，造化炉锤，思议何所容也。五章遥降[3]，朱临墨而大号彰。万卷横披，墨得朱而天章焕。文房异宝，珠玉何为？至画工肖象万物，或取本姿，或从配合，而色色咸备焉。夫亦依坎附离[4]，而共呈五行变态，非至神孰能于斯哉？

图 14-1　研朱砂、澄朱砂

【注释】

①注玄尚白：这里意为在白纸上写黑字。

②离火红：这里指赤火。

③五章遥降：指朝廷颁发的五色笺敕诏。

④依坎附离：此处是借水火之力的意思。

银水炼升

空套铁管 入此水头

清固

图 14-2　升炼水银（从朱砂升炼出水银）

○朱

凡朱砂、水银、银朱[1]，原同一物。所以异名者，由精粗、老嫩而分也。上好朱砂出辰、锦[2]（今名麻阳）与西川者，中即孕汞，然不以升炼。盖光明、箭镞、镜面等砂，其价重于水银三倍，故择出为朱砂货鬻。若以升汞，反降贱值。唯粗次朱砂方以升炼水银，而水银又升银朱也。

凡朱砂上品者，穴土十余丈乃得之。始见其苗，磊然白石，谓之朱砂床。近床之砂，有如鸡子大者。其次砂不入药，只为研供画用与升炼水银者。其苗不必白石，其深数丈即得。外床或杂青黄石，或间沙土，土中孕满，则其外沙石自多折裂。此种砂贵州思、印、铜仁等地最繁，而商州、秦州出亦广也。凡次砂取来，其通坑色带白嫩者，则不以研朱，尽以升汞。若砂质即嫩而烁，视欲丹者，则取来时入巨铁碾槽中，轧碎如微尘。然后入缸，注清水澄浸。过三日夜，跌取其上浮者，倾入别缸，名曰二朱。其下沉结者，晒干即名头朱也。

凡升水银，或用嫩白次砂，或用缸中跌出浮面二朱，水和搓成大盘条。每三十斤入一釜内升汞，其下炭质亦用三十斤。凡升汞，上盖一釜，釜当中留一小孔，釜旁盐泥紧固。釜上用铁打成一曲弓溜管，其管用麻绳密缠通梢，

图 14-3 银复生朱（从水银再升炼出银朱）

仍用盐泥涂固。煅火之时，曲溜一头插入釜中通气（插处一丝固密），一头以中罐注水两瓶，插曲溜尾于内，釜中之气达于罐中之水而止。共煅五个时辰，其中砂末尽化成汞，布于满釜。冷定一日，取出扫下。此最妙玄，化全部天机也（本草胡乱注：凿地一孔，放碗一个盛水）。

凡将水银再升朱用，故名曰银朱。其法或用磬口泥罐，或用上下釜。每水银一斤，入石亭脂③（即硫黄制造者）二斤，同研不见星，炒作青砂头，装于罐内。上用铁盏盖定，盏上压一铁尺。铁线兜底捆缚，盐泥固济口缝，下用

三钉插地鼎足盛罐。打火三炷香久，频以废笔蘸水擦盏，则银自成粉，贴于罐上，其贴口者朱更鲜华。冷定揭出，刮扫取用。其石亭脂沉下罐底，可取再用也。每升水银一斤，得朱十四两，次朱三两五钱，出数借硫质而生。

凡升朱与研朱，功用亦相仿。若皇家、贵家画彩，则即同辰、锦丹砂研成者，不用此朱也。凡朱，文房胶成条块，石砚则显。若磨于锡砚之上，则立成皂汁④。即漆工以鲜物彩，唯入桐油调则显，入漆亦晦也。凡水银与朱更无他出，其汞海、草汞之说，无端狂妄，耳食者信之。若水银已升朱，则不可复还为汞，所谓造化之巧已尽也。

【注释】

①朱砂：天然硫化汞。水银：汞的俗称。银朱：人造硫化汞。

②辰、锦：现在的湖南沅陵、麻阳。

③石亭脂：指天然硫。

④立成皂汁：在锡砚上研磨朱，会生成硫化亚锡，为褐色。

○墨

凡墨，烧烟凝质而为之①。取桐油、清油、猪油烟为者，居十之一。取松烟为者，居十之九。凡造贵重墨者，国朝推重徽郡人。或以载油之艰，遣人僦居荆、襄、辰、沅，就其贱值桐油点烟而归。其墨他日登于纸上，日影横射有红光者，则以紫草②汁浸染灯心，而燃炷者也。凡爇油取烟，每油一斤，得上烟一两余。手力捷疾者，一人供事灯盏二百副。若刮取怠缓则烟老，火燃、质料并丧也。其余寻常用墨，则先将松树流去胶香，然后伐木。凡松香有一毫未净尽，其烟造墨终有滓结不解之病。凡松烟流去香，木根凿一小孔，炷灯缓炙，则通身膏液就暖倾流而出也。

凡烧松烟，伐松斩成尺寸，鞠篾为圆屋，如舟中雨篷式，接连十余丈，内外与

图 14-4　燃扫清烟

接口皆以纸及席糊固完成。隔位数节，小孔出烟，其下掩土、砌砖先为通烟道路。燃薪数日，歇冷入中扫刮。凡烧松烟，放火通烟，自头彻尾。靠尾一二节者为清烟，取入佳墨为料。中节者为混烟，取为时墨料。若近头一二节，只刮取为烟子，货卖刷印书文家，仍取研细用之。其余则供漆工、垩工之涂玄者。

凡松烟造墨，入水久浸，以浮沉分精悫。其和胶之后，以槌敲多寡分脆坚。其增入珍料与漱金、衔麝，则松

图 14-5　取流松液、烧取松烟

烟、油烟增减听人。其余《墨经》《墨谱》③，博物者自
详，此不过粗记质料原因而已。

【注释】

①凡墨烧烟凝质而为之：墨是由含碳的有机物质燃烧后产生
的烟灰（即碳黑）制成的。

②紫草：其根可作为紫色染料。

③《墨经》：介绍墨锭的源流及制造，为宋人晁贯之所著。
《墨谱》：论述采松、烧烟、制墨，为宋人李孝美所著。

○附：诸色颜料

胡粉：至白色，详《五金》卷。黄丹：红黄色，详《五金》卷。淀花：至蓝色，详《彰施》卷。紫粉：缁红色，贵重者用胡粉、银朱对和，粗者用染家红花滓汁为之。大青：至青色，详《珠玉》卷。铜绿[1]：至绿色，黄铜打成板片，醋涂其上，裹藏糠内，微借暖火气，逐日刮取。石绿：详《珠玉》卷。代赭石[2]：殷红色，处处山中有之，以代郡者为最佳。石黄[3]：中黄色，外紫色，石皮内黄，一名石中黄子。

【注释】

①铜绿：碱式醋酸铜的混合物。

②代赭石：赤铁矿矿石，三氧化二铁，代县出产的品质最佳。

③石黄：黏土，含三氧化二铁。

舟车第十五

宋子曰，人群分而物异产，来往贸迁以成宇宙。若各居而老死，何藉有群类哉？人有贵而必出，行畏周行。物有贱而必须，坐穷负贩。四海之内，南资舟而北资车。梯航万国，能使帝京元气充然。何其始造舟车者不食尸祝之报也？浮海长年，视万顷波如平地，此与列子所谓御泠风①者无异。传所称奚仲②之流，倘所谓神人者非耶。

【注释】

①泠（líng）风：意指清风。

②奚仲：传说中最早造车的人。

○舟

凡舟古名百千，今名亦百千，或以形名（如海鳅、江鳊、山梭之类），或以量名（载物之数），或以质名（各色木料），不可殚述。游海滨者得见洋船，居江湄①者得见漕舫②。若局趣山国之中，老死平原之地，所见者一叶扁舟、截流乱筏而已。粗载数舟制度，其余可例推云。

【注释】

①江湄：江边。

②漕舫：明代以后用于运粮的船。

○漕舫

凡京师为军民集区，万国水运以供储，漕舫所由兴也。元朝混一，以燕京为大都。南方运道由苏州刘家港、海门黄连沙开洋，直抵天津，制度用遮洋船。永乐间因之，以风涛多险，后改漕运。平江伯陈某，始造平底浅船，则今粮船之制也。

凡船制底为地，枋①为宫墙，阴阳竹②为覆瓦。伏狮③[则]前为阀阅，后为寝堂。桅为弓弩弦，篷为翼。橹为

图 15-1　漕船

车马，簝纤为履鞋，律索为鹰、雕筋骨。招为先锋，舵为指挥主帅，锚为扎车营寨。

粮船初制，底长五丈二尺，其板厚二寸，采巨木，楠为上，栗次之。头长九尺五寸，梢长九尺五寸。底阔九尺五寸，底头阔六尺，底梢阔五尺。头伏狮阔八尺，梢伏狮阔七尺，梁头④一十四座。龙口梁阔一丈，深四尺。使风梁阔一丈四尺，深三尺八寸。后断水梁阔九尺，深四尺五寸。两厫⑤共阔七尺六寸。此其初制，载米可近二千石交兑（每只止足五百石）。后运军造者私增身长二丈，首尾阔二尺余，其量可受三千石。而运河闸口原阔一丈二尺，差可渡过。凡今官坐船，其制尽同，第窗户之间宽其出径，加以精工彩饰而已。

凡造船先从底起，底面旁靠墙，上承栈［板］，下亲地面。隔位列置者曰梁，两旁峻立者曰墙。盖墙巨木曰正枋，枋上曰弦。梁前竖桅位曰锚坛，坛底横木夹桅本者曰地龙。前后维曰伏狮，其下曰拿狮，伏狮下封头木曰连三枋。船头面中缺一方曰水井（其下藏缆索等物），头面眉标树两木以系缆者曰将军柱。船尾下斜上者曰草鞋底，后封头下曰短枋，枋下曰挽脚梁。船梢掌舵所居，其上曰野鸡篷（使风时，一人坐篷巅，收守篷索）。

凡舟身将十丈者，立桅必两。树中桅之位，折中过前二位，头桅又前丈余。粮船中桅，长者以八丈为率，短者缩十分之一二。其本入窗内亦丈余，悬篷之位约五六丈。头桅尺寸则不及中桅之半，篷纵横亦不敌三分之一。苏、湖六郡运米，其船多过石瓮桥下，且无江、汉之险，故桅与篷尺寸全杀。若湖广、江西等舟，则过湖冲江，无端风浪，故锚、缆、篷、桅必极尽制度，而后无患。凡风篷尺寸，其则一视全舟横身，过则有患，不及则力软。

凡船篷其质乃析篾成片织就，夹维竹条，逐块折叠，以俟悬挂。粮船中桅篷，合并十人〔之〕力方克凑顶，头篷则两人带之有余。凡度篷索，先系空中寸圆木关捩⑥于桅巅之上，然后带索腰间，缘木而上，三股交错而度之。凡风篷之力，其末一叶敌本三叶，调匀和畅，顺风则绝顶张篷，行疾奔马。若风力洊至，则以次减下（遇风鼓急不下，以钩搭扯），狂甚则只带一两叶而已。

凡风从横来，名曰抢风。顺水行舟则挂篷，〔作〕"之、玄"游走，或一抢向东，止寸平过，甚至却退数十丈。未及岸时，捩舵转篷，一抢向西。借贷水力兼带风力轧下，则顷刻十余里。或湖水平而不流者，亦可缓轧。若上水舟，则一步不可行也。凡船性随水，若草从风，故制舵障水，使不定向流，舵板一转，一泓从之。

凡舵尺寸与船腹切齐。若长一寸，则遇浅之时船腹已过，其梢尾舵使胶住，设风狂力劲，则寸木为难不可言。舵短一寸，则转运力怯，回头不捷。凡舵力所障水，相应及船头而止。其腹底之下，俨若一派急顺流，故船头不约而正，其机妙不可言。舵上所操柄，名曰关门棒，欲船北，则南向捩转。欲船南，则北向捩转。船身太长而风力横劲，舵力不甚应手，则急下一偏披水板⑦，以抵其势。凡舵用直木一根（粮船用者围三尺，长丈余为身），上截衡受棒，下截界开衔口，纳板其中如斧形，铁钉固拴以障水。梢后隆起处，亦名舵楼。

凡铁锚所以沉水系舟。一粮船计用五六锚，最雄者曰看家锚，重五百斤内外，其余头用两枝，梢用两枝。凡中流遇逆风，不可去又不可泊（或业已近岸，其下有石非沙，亦不可泊，惟打锚深处），则下锚沉水底。其所系绋，缠绕将军柱上。锚爪一遇泥沙，扣底抓住。十分危急，则下看家锚。系此锚者名曰"本身"，盖重言之也。或同行前舟阻滞，恐我舟顺势急去，有撞伤之祸，则急下梢锚提住，使不迅速流行。风息开舟，则以云车⑧绞缆，提锚使上。

凡船板合隙缝，以白麻斫絮为筋，钝凿扱入，然后筛过细石灰，和桐油舂杵成团调舱。温、台、闽、广即用蛎灰。凡舟中带篷索，以火麻秸（一名大麻）绚绞，粗成径寸以外者，即系万钧不绝。若系锚缆，则破析青篾为之。其篾线入釜煮熟，然后纠绞。拽缋筶亦煮熟篾线绞成，十丈以往，中作圈为接驱，遇阻碍可以掐断。凡竹性直，篾一线千钧。三峡入川上水舟，不用纠绞筶缋。即破竹阔寸许者，整条以次接长，名曰火杖。盖沿崖石棱如刃，惧破篾易损也。

凡木色桅用端直杉木，长不足则接，其表铁箍逐寸包围。船窗前道，皆当中空阙，以便树桅。凡树中桅，合并数巨舟承载，其末长缆系表而起。梁与枋樯用楠木、槠木、樟木、榆木、槐木（樟木春夏伐者，久则粉蛀）。栈板不拘何木。舵杆用榆木、榔木、槠木，关木棒用榈木、榔木，橹用杉木、桧木、楸木。此其大端云。

【注释】

①枋：船体的四面，由一条条的大方木拼接而成。

②阴阳竹：中节凿空且剖成两半的竹子，凹凸搭接成船上的顶棚。

③伏狮：船头尾的横木，横穿两边的船枋。

④梁头：架设于两边船壁之间的横木，横贯船身。

⑤廒（áo）：通"厫"，船舱的意思。

⑥关捩（liè）：相当于滑轮。

⑦披水板：船头左右两侧的劈水板，可上下提动。

⑧云车：立式绞车。

○ 海舟

凡海舟，元朝与国初运米者曰遮洋浅船，次者曰钻风船（即海鳅）。所经道里止万里长滩①、黑水洋②、沙门岛③等处，若无大险。与出使琉球、日本及商贾爪哇、笃泥等船制度［比］，工费不及十分之一。凡遮洋运船制［度］，视漕船长一丈六尺，阔二尺五寸，器具皆同，唯舵杆必用铁力木，舱灰用鱼油和桐油，不知何义。凡外国海舶制度，大同小异，闽、广（闽由海澄开洋，广由香山嶅）洋船载竹两破排栅，树于两旁以抵浪。登、莱制度又不然。倭国海舶两旁列橹手拦板抵水，人在其中运力。朝鲜制度又不然。

至其首尾各安罗经盘④以定方向，中腰大横梁出头数尺，贯插腰舵，则皆同也。腰舵非与梢舵形同，乃阔板斫成刀形插入水中，亦不捩转，盖夹卫扶倾之义。其上仍横柄拴于梁上，而遇浅则提起。有似乎舵，故名腰舵也。凡海舟以竹筒贮淡水数石，度供舟内人两日之需，遇岛又汲。其何国何岛合用何向，针指示昭然，恐非人力所祖。舵工一群主佐，直是识力造到死生浑忘地，非鼓勇之谓也。

【注释】

①万里长滩：元、明时期长江口到苏北盐城的浅水海域。

②黑水洋：苏北盐城东海岸到山东半岛南部的海域。

③沙门岛：位于山东蓬莱的西北部。

④罗经盘：罗盘。

○杂舟

江汉课船①：身甚狭小而长。上列十余仓，每仓容止一人卧息。首尾共桨六把，小桅篷一座。风涛之中恃有多桨挟持。不遇逆风，一昼夜顺水行四百余里，逆水亦行百余里。国朝盐课，淮、扬数颇多，故设此运银，名曰课船。行人欲速者亦买之。其船南自章、贡，西自荆、襄，达于瓜〔埠〕、仪〔真〕而止。

三吴浪船：凡浙西、平江纵横七百里内，尽是深沟，小水湾环，浪船（最小者名曰塘船）以万亿计。其舟行人贵贱来往，以代马车、屝履。舟即小者，必造窗户堂房，质料

图 15-2 六桨课船

多用杉木。人物载其中，不可偏重一石，偏即欹侧，故俗名"天平船"。此舟来往七百里内，或好逸便者径买，北达通、津。只有镇江一横渡，俟风静涉过。又渡青江浦，溯黄河浅水二百里，则入闸河安稳路矣。至长江上流风浪，则没世避而不经也。浪船行力在梢后，巨橹一枝，两三人推轧前走，或持缱篙。至于风篷，则小席如掌，所不恃也。

浙西西安船：浙西自常山至钱塘八百里，水径入海，不通他道，故此舟自常山、开化、遂安等小河起，钱塘而止，更无他涉。舟制箬篷如卷瓮为上盖。缝布为帆，高可二丈许，绵索张带。初为布帆者，原因钱塘有潮涌，急时易于收下。此亦未然，其费似侈于篾席，总不可晓。

福建清流［船］②、梢篷船③：其船自光泽、崇安两小河起，达于福州洪塘而止，其下水道皆海矣。清流船以载货物、商客。梢篷［船］制大，差可坐卧，官贵家属用之。其船皆以杉木为地。滩石甚险，破损者其常，遇损则急舣向岸，搬物掩塞。船梢径不用舵，船首列一巨招，拨头使转。每帮五只方行，经一险滩，则四舟之人皆从尾后曳缆，以缓其趋势。长年即寒冬不裹足，以便频濡。风篷竟悬不用云。

四川八橹等船：凡川水源通江、汉，然川船达荆州而止，此下则更舟矣。逆行而上，自夷陵入峡，挽缰者以巨竹破为四片或六片，麻绳约接，名曰火杖。舟中鸣鼓若竞渡，挽人从山石间闻鼓声而威力。中夏至中秋，川水封峡，则断绝行舟数月。过此消退，方通往来。其新滩等数极险处，人与货尽盘岸行半里许，只余空舟上下。其舟制，腹圆而首尾尖狭，所以避滩浪云。

黄河满篷梢：其船自［黄］河入淮，自淮溯汴用之。质用楠木，工价颇优。大小不等，巨者载三千石，小者五百石。下水则首颈之际，横压一梁，巨橹两枝，两旁推轧而下。锚、缆、簰、篷制与江汉相仿云。

广东黑楼船、盐船：北自南雄，南达会省。下此惠、潮通漳、泉，则由海汊乘海舟矣。黑楼船为官贵所乘，盐船以载货物。舟制两旁可行走。风帆编蒲④为之，不挂独竿樐，双柱悬帆，不若中原随转。逆流凭借缰力，则与各省直同功云。

黄河秦船（俗名摆子船）：造作多出韩城。巨者载石数万钩，顺流而下，供用淮、徐地面。舟制首尾方阔均等。仓梁平下，不甚隆起。急流顺下，巨橹两旁夹推。来往不凭风力，归舟挽缰多至二十余人，甚有弃舟空返者。

【注释】

①课船：官府用于运税银的船只。

②清流船：为客货两用船。

③梢篷船：富贵人家用的客货两用船，客舱位于船尾，航行于闽江。

④蒲：其叶可以做扇子，晒干后纤维可以做绳索。

○车

凡车利行平地，古者秦、晋、燕、齐之交，列国战争必用车，故"千乘""万乘"之号，起自战国。楚、汉血争而后日辟。南方则水战用舟，陆战用步、马。北膺胡虏，交使铁骑，战车遂无所用之。但今服马驾车以运重载，则今日骡车即同彼时战车之义也。

凡骡车之制有四轮者，有双轮者，其上承载支架，皆从轴上穿斗而起。四轮者前后各横轴一根，轴上短柱起架直梁，梁上载［车］箱。马止脱驾之时，其上平整，如居屋安稳之象。若两轮者，驾马行时，马曳其前，则箱地平

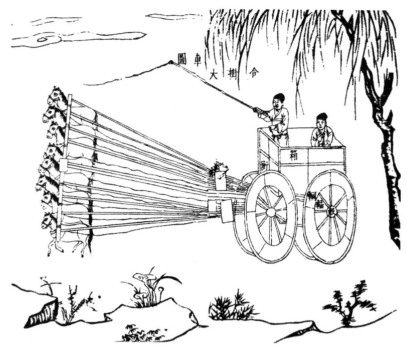

图 15-3　合挂大车

正。脱马之时，则以短木从地支撑而住，不然则欹卸也。

凡车轮，一曰辕①（俗名车陀）。其大车中毂②（俗名车脑）长一尺五寸（见《小戎》朱注），所谓外受辐、中贯轴者。辐计三十片，其内插毂，其外接辅。车轮之中，内集轮、外接辋③，圆转一圈者是曰辅也。辋际尽头则曰轮辕也。凡大车脱时，则诸物星散收藏。驾则先上两轴，然后以次间架。凡轼④、衡、轸、轭，皆从轴上受基也。

凡四轮大车量可载五十石，骡马多者或十二挂，或十挂，少亦八挂。执鞭掌御者居箱之中，立足高处。前马分为两班（战车四马一班，分骖、服）纠黄麻为长索，分系马项，后套总结，收入衡内两旁。掌御者手执长鞭，鞭以麻为绳，长七尺许，竿身亦相等。察视不力者，鞭及其身。箱内用二人踹绳，须识马性与索性者为之。马行太紧，则急起踹绳。否则翻车之祸从此起也。凡车行时，遇前途行人应避者，则掌御者急以声呼，则群马皆止。凡马索总系透衡入箱处，皆以牛皮束缚。《诗经》所谓"胁驱"是也。

凡大车饲马，不入肆舍。车上载有柳盘，解索而野食之。乘车人上下皆缘小梯。凡遇桥梁中高边下者，则十马之中，择一最强力者，系于车后。当其下坂，则九马从前缓曳，一马从后竭力抓住，以杀其驰趋之势，不然则险道也。凡大车行程，遇河亦止，遇山亦止，遇曲径小道亦止。徐、兖、汴梁之交，或达三百里者，无水之国所以济舟楫之穷也。

凡车质惟先择长者为轴，短者为毂，其木以槐、枣、檀、榆（用榔榆）为上。檀质太久劳则发烧，有慎用者，

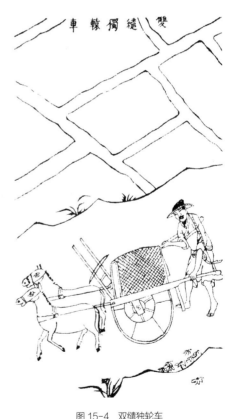

图15-4 双缱独轮车

合抱枣、槐，其至美也。其余轸、衡、箱、轭⑤，则诸木可为耳。此外，牛车以载刍粮，最盛晋地。路逢隘道，则牛颈系巨铃，名曰"报君知"，犹之骡车群马尽系铃声也。

南方独轮车

图 15-5 南方独轮车

又北方独辕车，人推其后，驴曳其前，行人不耐骑坐者，则雇觅之。鞠席其上以蔽风日。人必两旁对坐，否则欹倒。此车北上长安、济宁，径达帝京。不载人者，载货约重四五石而止。其驾牛为轿车者，独盛中州。两旁双轮，中穿一轴，其分寸平如水。横架短衡，列轿其上，人可安坐，脱驾不欹。其南方独轮推车则一人之力是视。容载二石，遇坎即止，最远者止达百里而已。其余难以枚述。但生于南方者不见大车，老于北方者不见巨舰，故粗载之。

【注释】

①辕：并非车轮，此处疑为"圈"之误。

②毂（gǔ）：车轮中心的圆木，周围与辐条相连。

③辋（wǎng）：车轮外圈的边框。

④轼：车厢前面可作为扶手的横木。

⑤轭：套于马颈部的马具，呈人字形。

佳兵^①第十六

宋子曰，兵非圣人之得已也。虞舜在位五十载，而有苗犹弗率。明王圣帝，谁能去兵哉？"弧矢^②之利，以威天下"，其来尚矣。为老氏者，有葛天之思焉，其词有曰："佳兵者，不祥之器。"盖言慎也。

火药机械之窍，其先凿自西番与南裔，而后乃及于中国，变幻百出，日盛月新。中国至今日，则即戎者以为第一义，岂其然哉！虽然，生人纵有巧思，乌能至此极也？

【注释】

①佳兵：此处指的是武器。

②弧矢：指弓箭，这里引申为武器。

○弧、矢

凡造弓，以竹与牛角为正中干质（东北夷无竹，以柔木为之），桑枝木为两弰。弛则竹为内体，角护其外。张则角向内，而竹居外。竹一条而角两接，桑弰则其末刻锲以受弦弤。其本则贯插接笋于竹丫，而光削一面以贴角。

凡造弓先削竹一片（竹宜秋天伐，春夏则朽蛀），中腰微亚小，两头差大，约长二尺许。一面粘胶靠角，一面铺置牛筋与胶而固之。牛角当中牙接，固以筋胶。（北虏无修长牛角，则以羊角四接而束之。广弓则黄牛明角亦用，不独水牛也）胶外固以桦皮，名曰暖靶。凡桦木关外产辽阳，北土繁生遵化，西陲繁生临洮郡，闽、广、浙亦皆有之。其皮护物，手握如软绵，故弓靶①所必用。即刀柄与枪干，亦需用之。其最薄者则为刀剑鞘室也。

凡牛脊梁每只生筋一方条，约重三十两。杀取晒干，复浸水中，析破如苎麻丝。胡虏无蚕丝，弓弦处皆纠合此物为之。中华则以之铺护弓干，与为棉花弹弓弦也。凡胶乃鱼脬②、杂肠所为，煎治多属宁国郡，其东海石首鱼，浙中以造白鲞者，取其脬为胶，坚固过于金铁。北虏取海鱼脬煎成，坚固与中华无异，种性则别也。天生数物，缺一良弓不成，非偶然也。

凡造弓初成坯后，安置室中梁阁上，地面勿离火意。促者旬日，多者两月，透干其津液，然后取下磨光。重加筋、胶与漆，则其弓良甚。货弓之家不能俟日足者，则他日解释之患因之。凡弓弦取食柘叶蚕茧，其丝更坚韧。每条用丝线二十余根作骨，然后用线横缠紧约。缠丝分三停，隔七寸许则空一二分不缠。故弦不张弓时，可折叠三曲而收之。往者北虏弓弦尽以牛筋为质，故夏月雨雾防其解脱，不相侵犯。今则丝弦亦广有之。涂弦或用黄蜡，或不用亦无害也。凡弓两弰系驱处，或切最厚牛皮，或削柔木为小棋子，钉粘角端，名曰垫弦，义同琴轸③。放弦归返时，雄力向内，得此而抗止，不然则受损也。

凡造弓视人力强弱为轻重。上力挽一百二十斤，过此则为虎力，亦不数出。中力减十之二三，下力及其半。彀满之时，皆能中的。但战阵之上，洞胸彻札，功必归于挽强者。而下力倘能穿杨贯虱④，则以巧胜也。凡试弓力，以足踏弦就地，称钩搭挂弓腰，弦满之时，推移枰锤所压，则知多少。其初造料分两，则上力挽强者，角与竹片削就时，约重七两。筋与胶、漆与缠约丝绳约重八钱，此其大略。中力减十分之一二，下力减十分之二三也。

图 16-1 端箭、试弓定力

凡成弓，藏时最嫌霉湿，（霉气先南后北，岭南谷雨时，江南小满，江北六月，燕、齐七月。然淮、扬霉气独盛）将士家或置烘厨、烘箱，日以炭火置其下（春秋雾雨皆然，不但霉气）小卒无烘厨，则安顿灶突之上。稍怠不勤，立受朽解之患也。（近岁命南方诸省造弓解北，纷纷驳回，不知离火即坏之故，亦无人陈说本章者）

凡箭笴中国南方竹质，北方萑柳⑤质，北虏桦质，随方不一。杆长二尺，镞长一寸，其大端也。凡竹箭削竹四条或三条，以胶粘合，过刀光削而圆成之。漆、丝缠约两头，名曰"三不齐"箭杆。浙与广南有生成箭竹不破合者。柳与桦杆则取彼圆直枝条而为之，微费刮削而成也。凡竹箭其体自直，不用矫揉。木杆则燥时必曲，削造时以数寸之木刻槽一条，名曰"箭端"。将木杆逐寸戛拖而过，其身乃直。即首尾轻重，亦由过端而均停也。

凡箭，其本刻衔口以驾弦，其末受镞。凡镞冶铁为之（《禹贡》砮石乃方物，不适用），北虏制如桃叶枪尖，广南黎人矢镞如平面铁铲，中国则三棱锥象也。响箭则以寸木空中锥眼为窍，矢过招风而飞鸣，即《庄子》所谓"嚆矢⑥"也。凡箭行端斜与疾慢，窍妙皆系本端翎羽之上。箭本近衔处，剪翎直贴三条，其长三寸，鼎足安顿，粘以胶，名曰箭羽（此胶亦忌霉湿，故将卒勤者，箭亦时以火烘）。

羽以雕膀为上（雕似鹰而大，尾长翅短），角鹰次之，鸱鹞又次之。南方造箭者，雕无望焉，即鹰、鹞亦难得之货，急用塞数，即以雁翎，甚至鹅翎亦为之矣。凡雕翎箭行疾过鹰、鹞翎［箭］，十余步而端正，能抗风吹。北虏羽箭多出此料。鹰、鹞羽作法精工，亦恍惚焉。若鹅、雁之质，则释放之时，手不应心，而遇风斜窜者多矣。南箭不及北［箭］，由此分也。

【注释】

①弓靶：弓把，手握弓的部位，在弓身的正中。

②鱼脬：鱼鳔。

③琴轸：琴上的轴垫，可转动弦线。

④穿杨贯虱：指射箭很准。

⑤萑（huán）柳：水曲柳。

⑥嚆（hāo）矢：响箭。

○弩、干

弩：凡弩为守营兵器，不利行阵。直者名身，衡者名翼，弩牙发弦者名机。斫木为身，约长二尺许。身之首横拴度翼，其空缺度翼处，去面刻定一分（稍后则弦发不应节），去背则不论分数。面上微刻直槽一条以盛箭。其翼以柔木一条为者，名扁担弩，力最雄。或一木之下加以竹片叠承（其竹一片短一片），名三撑弩，或五撑、七撑而止。身下截刻锲衔弦，其衔旁活钉牙机，上剔发弦。上弦之时，唯力是视。一人以脚踏强弩而

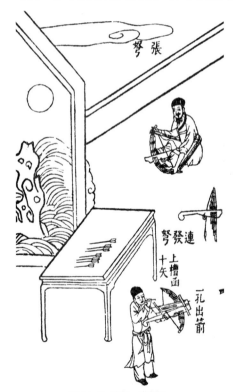

图16-2 张弩、连发弩

弦者，《汉书》名曰"蹶张材官^①"。弦放矢行，其疾无与比数。

凡弩弦以苎麻为质，缠绕以鹅翎，涂以黄蜡。其弦上翼则紧，放下仍松，故鹅翎可扱首尾于绳内。弩箭羽以箬叶为之。析破箭本，衔于其中而缠约之。其射猛兽药箭，则用草乌一味，熬成浓胶，蘸染矢刃。见血一缕则命即绝，人畜同之。凡弓箭强者行二百余步，弩箭最强者五十步而止，即过咫尺不能穿鲁缟^②矣。然其行疾则十倍于弓，而入物之深亦倍之。

国朝军器〔监〕造神臂弩^③、克敌弩^④，皆并发二矢、三矢者。又有诸葛弩，其上刻直槽，相承函十矢，其翼取最柔木为之。另安机木，随手扳弦而上，发去一矢，槽中又落下一矢，则又扳木上弦而发。机巧虽工，然其力棉甚，所及二十余步而已。此民家防窃具，非军国器。其山人射猛兽者，名曰窝弩^⑤，安顿交迹之衢，机旁引线，俟兽过带发而射之。一发所获，一兽而已。

干：凡"干戈"名最古，干与戈相连得名者，后世战卒短兵驰骑者更用之。盖右手执短刀，则左手执干以蔽敌矢。古者车战之上，则有专司执干，并抵同人之受矢者。若双手执长矛与持戟、槊^⑥，则无所用之也。凡干长不过三尺，杞柳织成尺径圈，置于项下，上出五寸，亦锐其端，下则轻竿可执。若盾名"中干"，则步卒所持以蔽矢并拒槊者，俗所谓旁牌是也。

①蹶（jué）张材官：指强壮有力的武官，可以脚踏张强弩。

②鲁缟：山东产的白色丝织品，十分薄。

③神臂弩：宋代的一种弩，射程很远。

④克敌弩：明代制造的一种弩，射程比神臂弩更远。

⑤窝弩：用于打猎的弩。

⑥槊（shuò）：长矛。

○火药料

火药、火器，今时妄想进身博官者，人人张目而道，著书以献，未必尽由试验。然亦粗载数页，附于卷内。凡火药以硝石、硫黄为主，草木灰①为铺。硝性至阴，硫性至阳，阴阳两神物相遇于无隙可容之中。其出也，人物膺之，魂散惊而魄齑粉。凡硝性主直，直击者硝九而硫一。硫性主横，爆击者硝七而硫三。其佐使之灰，则青杨、枯杉、桦根、箬叶、蜀葵、毛竹根、茄秸之类，烧使存性，而其中箬叶为最燥也。

凡火攻有毒火、神火、法火、烂火、喷火。毒火以砒、硇砂②为君，金汁、银锈、人粪和制。神火以朱砂、雄黄、雌黄为君。烂火以硼砂、瓷末、牙皂、秦椒③配合。飞火以朱砂、石黄、轻粉④、草乌、巴豆配合。劫营火则用桐油、松香。此其大略。其狼粪烟⑤昼黑夜红，迎风直上，与江豚⑥灰能逆风而炽，皆须试见而后详之。

【注释】

①草木灰：这里应指木炭。

②硇（náo）砂：成分中包含氯化铵。

③秦椒：花椒。

④轻粉：氯化亚汞。

⑤狼粪烟：狼烟。

⑥江豚：河豚。

○硝石、硫黄

硝石：凡硝，华夷皆生，中国专产西北。若东南贩者不给官引①，则以为私货而罪之。硝质与盐同母，大地之下潮气蒸成，现于地面。近水而土薄者成盐，近山而土厚者成硝。以其入水即消溶，故名为消。长、淮以北，节过中秋，即居室之中隔日扫地，可取少许以供煎炼。凡硝三所最多，出蜀中者曰川硝，生山西者俗呼盐硝，生山东者俗呼土硝。

凡硝刮扫取时（墙中亦或迸出），入缸内水浸一宿，秽杂之物浮于面上，掠取去时，然后入釜注水煎炼。硝化水干，倾于器内，经过一宿即结成硝。其上浮者曰芒硝，芒长者曰马牙硝（皆从方产本质幻出），其下猥杂者曰朴硝。欲去杂还纯，再入水煎炼。入莱菔数枚同煮熟，倾入盆中，经宿结成白雪，则呼盆硝。凡制火药，牙硝、盆硝功用皆同。凡取硝制药，少者用新瓦焙，多者用土釜焙，潮气一干，即取研末。凡研硝不以铁碾入石臼，相激火生，则祸不可测。凡硝配定何药分两，入黄[2]同研，木灰则从后增入。凡硝既焙之后，经久潮性复生，使用巨炮多从临期装载也。

硫黄：详见《燔石》章。凡硫黄配硝而后，火药成声。北狄无黄之国空繁硝产[3]，故中国有严禁。凡燃炮，拈硝与木灰为引线，黄不入内，入黄则不透关。凡碾黄难碎，每黄一两和硝一钱同碾，则立成微尘细末也。

【注释】

①官引：官方下发的运销凭证。

②黄：硫黄。

③空繁硝产：指产硝虽然多，却不能用于制火药。

○火器

西洋炮：熟铜铸就，圆形若铜鼓。引放时半里之内人马受惊死。（平地爇引炮有关捩，前行遇坎方止。点引之人反走坠入深坑内，炮声在高头，放者方不丧命）红夷炮：铸铁为之，身长丈许，用以守城。中藏铁弹并火药数斗，飞激二里，膺其锋者为齑粉。凡炮爇引内灼时，先往后坐千钧力，其位须墙抵住，墙崩者其常。

大将军、二将军（即红夷之次，在中国为巨物）。佛郎机：（水战舟头用）三眼铳、百子连珠炮。地雷：埋伏土中，竹管通引，冲土起击，其身从其炸裂。所谓横击，用黄多者。（引线用矾油，炮口覆以盆）混江龙：漆固皮囊裹炮沉于水底，岸上带索引机。囊中悬吊火石、火镰[①]，索机一动，其中自发。敌舟行过，遇之则败，然此终痴物也。

鸟铳：凡鸟铳长约三尺，铁管载药，嵌盛木棍之中，以便手握。凡锤鸟铳，先以铁挺一条大如箸者为冷骨，裹红铁锤成。先为三接，接口炽红，竭力撞合。合后以四棱钢锥如箸大者，透转其中使极光净，则发药无阻滞。其本近身处，管亦大于末，所以容受火药。每铳约载配硝一钱二分，铅铁弹子二钱。发药不用信引（岭南制度，有用引者），孔口通内处露硝分厘，捶熟苎麻点火。左手握铳对敌，右

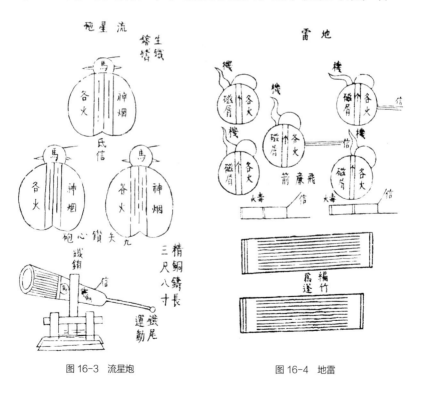

图 16-3　流星炮　　　　　　　　图 16-4　地雷

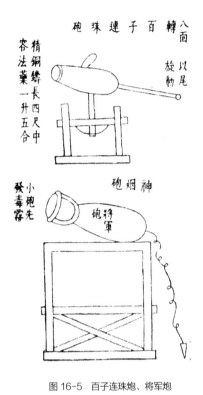

砲珠連子百轉

八面以尾旋動

精銅鑄孳長四尺中

容法藥一升五合

小砲先發毒霧

砲烟神

砲將軍

图 16-5　百子连珠炮、将军炮

手发铁机逼苎火于硝上，则一发而去。鸟雀遇于三十步内者，羽肉皆粉碎，五十步外方有完形，若百步则铳力竭矣。鸟枪行远过二百步，制方仿佛鸟铳，而身长药多，亦皆倍此也。

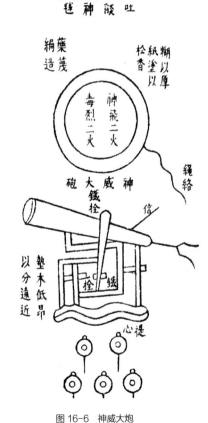

吐酸神毒

药篾编造

松香

纸糊塗以厚

神飞二火　毒烈二火

绳络

神威大砲

大铁栓

信

垫木低昂以分远近

拴　铁

心缐

图 16-6　神威大炮

　　万人敌②：凡外郡小邑，乘城却敌，有炮力不具者，即有空悬火炮而痴重难使者，则万人敌近制随宜可用，不必拘执一方也。盖硝、黄火力所射，千军万马立时糜烂。其法，用宿干空中泥团，上留小眼，筑实硝黄火药，参入毒火、神

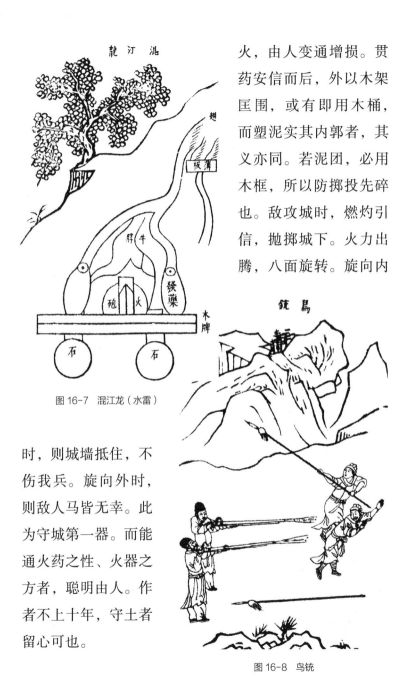

火，由人变通增损。贯药安信而后，外以木架匡围，或有即用木桶，而塑泥实其内郭者，其义亦同。若泥团，必用木框，所以防掷投先碎也。敌攻城时，燃灼引信，抛掷城下。火力出腾，八面旋转。旋向内

图 16-7 混江龙（水雷）

时，则城墙抵住，不伤我兵。旋向外时，则敌人马皆无幸。此为守城第一器。而能通火药之性、火器之方者，聪明由人。作者不上十年，守土者留心可也。

图 16-8 鸟铳

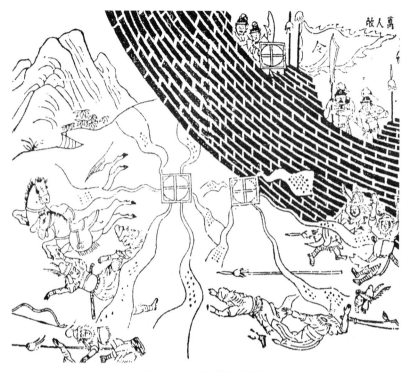

图 16-9　万人敌（地滚式炸弹）

【注释】

①火镰：以镰状铁块击打火石，迸出的火花用于点燃火器。

②万人敌：炸弹名称，可八面旋转。

曲蘖①第十七

宋子曰，狱讼日繁，酒流生祸，其源则何辜。祀天追远，沉吟《商颂》《周雅》之间，若作酒醴②之资曲蘖也，殆圣作而明述矣。惟是五谷菁华变幻，得水而凝，感风而化。供用岐黄者神其名，而坚固食羞者丹其色。君臣自古配合日新，眉寿介而宿痼怯，其功不可殚述。自非炎、黄作祖，末流聪明，乌能竟其方术哉！

【注释】

①曲蘖（niè）：酒曲。
②酒醴（lǐ）：亦泛指各种酒。

○酒母

凡酿酒，必资曲药成信。无曲即佳米珍黍，空造不成。古来曲造酒，蘖造醴。后世厌醴味薄，遂至失传，则并蘖法亦亡。凡曲，麦、米、面随方土造，南北不同，其义则一。凡麦曲，大、小麦皆可用。造者将麦连皮，井水淘净，晒干，时宜盛暑天。磨碎，即以淘麦水和作块，用楮叶包扎，悬风处，或用稻秸掩黄①，经四十九日取用。

造面曲，用白面五斤、黄豆五升，以蓼汁煮烂，再用辣蓼②末五两、杏仁泥十两，和踏成饼，楮叶包悬，与稻秸掩黄，法亦同前。其用糯米粉与自然蓼汁溲和成饼，生黄收用者，掩法与时日亦无不同也。其入诸般君臣与草药，少者数味，多者百味，则各土各法，亦不可殚述。近代燕京则以薏苡仁为君，入曲造薏酒。浙中宁、绍则以绿豆为君，入曲造豆酒。二酒颇擅天下佳雄（别载《酒经》）。

凡造酒母家，生黄未足，视候不勤，盥拭不洁，则疵药数丸动辄败人石米。故市曲之家必信著名闻，而后不负酿者。凡燕、齐黄酒曲药，多从淮郡造成，载于舟车北市。南方曲酒酿出即成红色者，用曲与淮郡所造相同，统名大曲。但淮郡市者打成砖片，而南方则用饼团。其曲一味，蓼身为气脉③，而米、麦为质料，但必用已成曲、酒糟为媒合。此糟不知相承起自何代，犹之烧矾之必用旧矾滓云。

【注释】

①用稻秸掩黄：这里指盖上稻草使之发酵，产生黄色孢子。

②辣蓼：可以抑制杂菌的生长。

③蓼身为气脉：加入蓼粉可以增强通气性，有利于酵母菌的生长。

○神曲①

凡造神曲所以入药，乃医家别于酒母者。法起唐时，其曲不通酿用也。造者专用白面，每百斤入青蒿自然汁、马蓼、苍耳自然汁相和作饼，麻叶或楮叶包掩，如造酱黄法。待生黄衣，即晒收之。其用他药配合，则听好医者增入，若无定方也。

【注释】

①神曲：药曲。

○丹曲①

凡丹曲一种，法出近代。其义臭腐神奇，其法气精变化。世间鱼肉最朽腐物，而此物薄施涂抹，能固其质于炎暑之中，经历旬日，蛆、蝇不敢近，色味不离初，盖奇药也。

凡造法用籼稻米，不拘早、晚。舂杵极其精细，水浸一七日，其气臭恶不可闻，则取入长流河水漂净。（必用山河流水，大江者不可用）漂后恶臭

图 17-1 长流漂米

犹不可解，入甑蒸饭，则转成香气，其香芬甚。凡蒸此米
成饭，初一蒸半生即止，不及其熟。也离釜中，以冷水一
沃，气冷再蒸，则令极熟矣。熟后，数石共积一堆拌信。

凡曲信必用绝佳红酒糟为料。每糟一斗，入马蓼自然
汁三升，明矾水②和化。每曲一石，入信二斤，乘饭热时，
数人捷手拌匀，初热拌至冷。候视曲信入饭久复微温，则
信至矣。凡饭拌信后，倾入箩内，过矾水一次，然后分散
入篾盘，登架乘风。后此风力为政，水火无功。

凡曲饭入盘，每盘约载五升。其屋室宜高大，防瓦
上暑气侵迫。室面宜向南，防西晒。一个时中翻拌约三

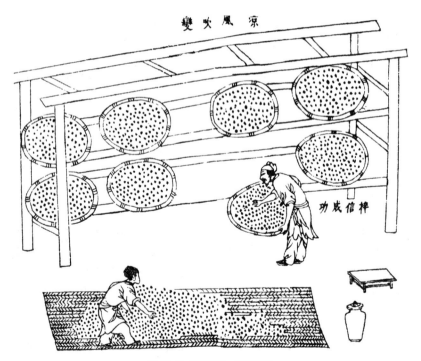

图 17-2　拌信成功、凉风吹变

次。候视者七日之中，即坐卧盘架之下，眠不敢安，中宵数起。其初时雪白色，经一二日成至黄色，黄转褐，褐转代赭，赭转红，红极复转微黄。目击风中变幻，名曰生黄曲。则其价与人物之力③皆倍于凡曲也。凡黄色转褐，褐转红，皆过水一度④。红则不复入水。凡此造物，曲工盥手与洗净盘簞，皆令极洁。一毫滓秽，则败乃事也。

【注释】

①丹曲：红曲。

②明矾水：用于抑制杂菌生长，呈弱酸性。

③人物之力：人力、物力。

④过水一度：过一次水，可洗去红曲生长时产生的黄色素。

珠玉第十八

宋子曰，玉韫山辉，珠涵水媚，此理诚然乎哉？抑意逆之说也？大凡天地生物，光明者昏浊之反，滋润者枯涩之仇，贵在此则贱在彼矣。合浦、于阗①行程相去二万里，珠雄于此，玉峙于彼，无胫而来，以宠爱人寰之中，而辉煌廊庙之上。使中华无端宝藏折节而推上坐焉。岂中国辉山媚水者萃在人身，而天地菁华止有此数哉？

【注释】

①合浦：现在的广西合浦，产珍珠。于阗（tián）：现在的新疆和田，产玉。

○珠

凡珍珠必产蚌腹，映月成胎，经年最久乃为至宝。其云蛇腹、龙颔、鲛皮有珠者，妄也。凡中国珠必产雷、廉二池。三代以前，淮、扬亦南国地，得珠稍近《禹贡》"淮夷玭珠"，或后互市之便，非必责其土产也。金采蒲西路①，元采杨村直沽口②，皆传记相承妄，何尝得珠？至云忽吕古江出珠，则夷地，非中国也。

凡蚌孕珠，乃无质而生质。他物形小，而居水族者，吞噬弘多，寿以不永。蚌乃环包坚甲，无隙可投，即吞腹，囫囵不能消化，故独得百年、千年成就无价之宝也。凡蚌孕珠，即千仞水底，一逢圆月中天，即开甲仰照，取月精以成其魄。中秋月明，则老蚌犹喜甚。若彻晓无云，则随月东升西没，转侧其身而映照之。他海滨无珠者，潮汐震撼，蚌无安身静存之地也。

凡廉州池自乌泥、独揽沙至于青莺，可百八十里。雷州池自对乐岛斜望石城界，可百五十里。蛋户③采珠，每岁必以三月，时杀牲祭海神，极其虔敬。蛋户生啖海腥，入水能视水色，知蛟龙④所在，则不敢侵犯。凡采珠舶，

图 18-1　掷草垫防漩涡、没水采珠

其制视他舟横阔而圆，多载草荐于上。经过水漩，则掷荐投之，舟乃无恙。舟中以长绳系没人⑤腰，携篮投水。

凡没人以锡造弯环空管，其本缺处对掩没人口鼻，令舒透呼吸于中，别以熟皮包络耳项之际。极深者至四五百尺，拾蚌篮中。气逼则撼绳，其上急提引上，无命者或葬鱼腹。凡没人出水，煮热毳急覆之，缓则寒栗死。宋朝李招讨设法以铁为构，最后木柱扳口，两角坠石，用麻绳作兜如囊状，绳系舶两旁，乘风扬帆而兜取之。然亦有漂溺之患。今蛋户两法并用之。

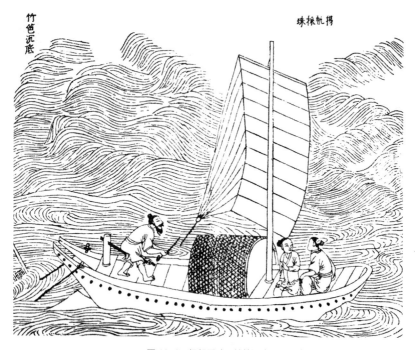

图 18-2　扬帆采珠、竹笆沉底

凡珠在蚌，如玉在璞。初不识其贵贱，剖取而识之。自五分至一寸五分径者为大品。小平似覆釜，一边光彩微似镀金者，此名珰珠，其值一颗千金矣。古来"明月""夜光"即此便是。白昼晴明，檐下看有光一线闪烁不定。"夜光"乃其美号，非真有昏夜放光之珠也。次则走珠，置平底盘中，圆转无定歇，价亦与珰珠相仿。（化者之身受含一粒，则不复朽坏）故帝王之家重价购此。次则滑珠，色光而形不甚圆。次则螺蚵珠，次官、雨珠，次税珠，次葱符珠。幼珠如粱粟，常珠如豌豆。琕而碎者曰玑。自夜光至于碎玑，譬均一人身，而王公至于氓隶也。

凡珠止有此数，采取太频，则其生不继。经数十年不采，则蚌乃安其身，繁其子孙而广孕宝质。所谓"珠徙珠还"，此煞定死谱，非真有清官感召也。（我朝弘治中，一采得二万八千两，万历中一采止得三千两，不偿所费）

【注释】

①蒲西路：现在的黑龙江克东县乌裕尔河南岸，金朝时在此地采集珍珠。

②杨村直沽口：现在的天津大沽口，元朝时采集珍珠的地方。

③蛋户：旧时的蔑称，指闽、广沿海的水上居民。

④蛟龙：指海中的鲨鱼、鳄鱼等。

⑤没人：潜水者。

○宝

凡宝石皆出井中，西番诸域最盛。中国惟出云南金齿卫与丽江两处。凡宝石自大至小，皆有石床包其外，如玉之有璞。金银必积土其上，韫结乃成。而宝则不然，从井底直透上空，取日精月华之气而就，故生质有光明。如玉产峻湍，珠孕水底，其义一也。

图18-3 下井采宝

凡产宝之井，即极深无水，此乾坤派设机关。但其中宝气①如雾，氤氲井中，人久食其气多致死。故采宝之人或结十数为群，入井者得其半，而井上众人共得其半也。下井人以长绳系腰，腰带叉口袋两条，及泉近宝石，随手疾拾入袋（宝井内不容蛇虫）。腰带一巨铃，宝气逼不得过，则急摇其铃。井上人引绠提上。其人即无恙，然已昏蒙。止与白滚汤入口解散，三日之内不得进食粮，然后调理平复。其袋内石大者如碗，中者如拳，小者如豆，总不晓其中何等色。付与琢工镟错解开，然后知其为何等色也。

属红黄种类者，为猫精、靺鞨芽②、星汉砂、琥珀、木难③、酒黄④、喇子⑤。猫精黄而微带红。琥珀最贵者名瑿（音依，此值黄金五倍价），红而微带黑。然昼见则黑，灯光下则红甚也。木难纯黄色，喇子纯红。前代何妄人，于松树注茯苓，又注琥珀，可笑也。

属青绿种类者，为瑟瑟珠、珇玡绿⑥、鸦鹘石⑦、空青之类（空青既取内质，其膜升打为曾青）。至玫瑰一种，如黄豆、绿豆大者，则红、碧、青、黄数色皆具。宝石有玫瑰，如珠之有玑也。星汉砂以上，犹有煮海金丹。此等皆西番产，其间气出，滇中井所无。时人伪造者，唯琥珀易假。高者煮化硫黄，低者以殷红汁

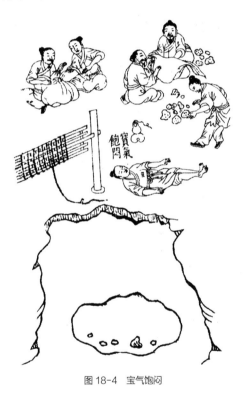

图 18-4 宝气饱闷

料煮入牛羊明角，映照红赤隐然，今亦最易辨认（琥珀磨之有浆）。至引草，原惑人之说，凡物借人气能引拾轻芥也。自来《本草》陋妄，删去勿使灾木。

【注释】

①宝气：指井下缺氧的气体。

②靺鞨（mò hè）芽：靺鞨石，又称红玉髓。

③木难：也称莫难，黄色的绿宝石。

④酒黄：黄色的透明黄玉。

⑤喇子：红宝石。

⑥琤瑂绿：祖母绿。

⑦鸦鹘（gǔ）石：含钛的蓝宝石。

○玉

凡玉入中国，贵重用者尽出于阗（汉时西国名，后代或名别失八里，或统服赤斤蒙古，定名未详葱岭）。所谓蓝田，即葱岭①出玉别地名，而后世误以为西安之蓝田也。其岭水发源名阿耨山，至葱岭分界两河，一曰白玉河，一曰绿玉河。晋人张匡邺作《西域行程记》，载有乌玉河，此节则妄也。

玉璞不藏深土，源泉峻急激映而生。然取者不于所生处，以急湍无着手。俟其夏月水涨，璞随湍流徙，或百里，或二三百里，取之河中。凡玉映月精光而生，故国人沿河取玉者，多于秋间明月夜，望河候视。玉璞堆积处，其月色倍明亮。凡璞随水流，仍错杂乱石浅流之中，提出辨认而后知也。

白玉河流向东南，绿玉河流向西北。亦力把里②地，其地有名望野者，河水多聚玉。其俗以女人赤身没水而取

图18-5 白玉河

者，云阴气相召，则玉留不逝，易于捞取。此或夷人之愚也（夷中不贵此物，更流数百里，途远莫货，则弃而不用）。

凡玉唯白与绿两色。绿者中国名菜玉，其赤玉、黄玉之说，皆奇石、琅玕之类。价即不下于玉，然非玉也。凡玉璞根系山石流水。未推出位时，璞中玉软如绵絮，推出位时则已硬，入尘见风则愈硬。谓世间琢磨有软玉，则又非也。凡璞藏玉，其外者曰玉皮，取为砚托之类，其价无几。璞中之玉，有纵横尺余无瑕玷者，古者帝王取以为玺。所谓连城之璧，亦不易得。其纵横五六寸无瑕者，治以为杯斝，此已当时重宝也。

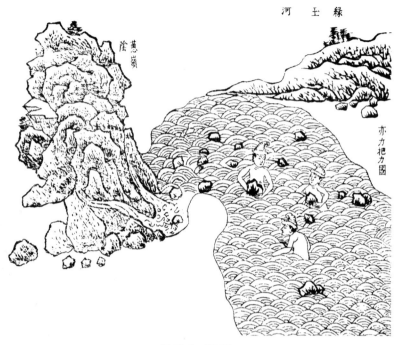

图 18-6　绿玉河

　　此外，唯西洋琐里③有异玉，平时白色，晴日下看映出红色，阴雨时又为青色，此可谓之玉妖④，尚方有之。朝鲜西北太尉山有千年璞，中藏羊脂玉，与葱岭美者无殊异。其他虽有载志，闻见则未经也。凡玉由彼地缠头回（其俗，人首一岁裹布一层，老则臃肿之甚，故名缠头回子。其国王亦谨不见发。问其故，则云见发则岁凶荒，可笑之甚），或溯河舟，或驾橐驼，经庄浪入嘉峪，而至于甘州与肃州。中国贩玉者，至此互市得之，东入中华，卸萃燕京。玉工辨璞高下定价，而后琢之（良玉虽集京师，工巧则推苏郡）。

　　凡玉初剖时，冶铁为圆盘，以盆水盛沙，足踏圆盘使

转，添沙剖玉，逐忽划断。中国解玉沙出顺天［府］玉田
与真定、邢台两邑。其沙非出河中，有泉流出精粹如面，
借以攻玉，永无耗折。既解之后，别施精巧工夫。得镔铁
刀者，则为利器也（镔铁⑤亦出西番哈密卫砺石中，剖之乃得）。

凡玉器琢余碎，取
入钿花用。又碎不堪
者，碾筛和灰涂琴瑟。
琴有玉音，以此故也。
凡镂刻绝细处，难施锥
刃者，以蟾酥填画而后
锲之。物理制服，殆不
可晓。凡假玉以碔砆⑥
充者，如锡之于银，昭
然易辨。近则捣舂上料
白瓷器，细过微尘，以
白蔹诸汁调成为器，干
燥玉色烨然，此伪最
巧云。

图18-7 琢玉

凡珠玉、金银胎性相反。金银受日精，必沉埋深土结
成。珠玉、宝石受月华，不受寸土掩盖。宝石在井，上透
碧空，珠在重渊，玉在峻滩，但受空明、水色盖上。珠有
螺城，螺母居中，龙神守护，人不敢犯。数应入世用者，
螺母推出人取。玉初孕处，亦不可得。玉神推徙入河，然
后恣取，与珠宫同神异云。

【注释】

①葱岭：位于现在的新疆昆仑山东部，产玉。

②亦力把里：包括现在新疆的大部分地区。

③西洋琐里：现在的印度科罗曼德尔海沿岸。

④玉妖：异玉，可能是指金刚石，会呈现出不同的色泽。

⑤镔铁：精炼的钢铁，十分坚硬。

⑥砆碔（fū wǔ）：一种很像玉的石头。

○附：玛瑙、水晶、琉璃

凡玛瑙非石非玉，中国产处颇多，种类以十余计。得者多为簪篦、钿（音扣）结①之类，或为棋子，最大者为屏风及桌面。上品者产宁夏外徼羌地砂碛中，然中国即广有，商贩者亦不远涉也。今京师货者，多是大同、蔚州九空山、宣府四角山所产。有夹胎玛瑙②、截子玛瑙③、锦江玛瑙④，是不一类。而神木、府谷出浆水玛瑙⑤、缠丝玛瑙⑥，随方货鬻，此其大端云。试法以砑木不热者为真。伪者虽易为，然真者值原不甚贵，故不乐售其技也。

凡中国产水晶，视玛瑙少杀，今南方用者多福建漳浦产（山名铜山），北方用者多宣府黄尖山产，中土用者多河南信阳州（黑色者最美）与湖广兴国州（潘家山）产。黑色者产北不产南。其他山穴本有之，而采识未到，与已经采识而官司严禁封闭（如广信惧中官开采之类）者，尚多也。凡水晶出深山穴内瀑流石罅之中。其水经晶流出，昼夜不断，流出洞门半里许，其面尚如油珠滚沸。凡水晶未离穴时如绵软，见风方坚硬。琢工得宜者，就山穴成粗坯，然后持归加功，省力十倍云。

凡琉璃石与中国水精、占城⑦火齐⑧，其类相同，同一精光明透之义。然不产中国，产于西域。其石五色皆具，中华人艳之，遂竭人巧以肖之。于是烧瓴甋，转釉成黄绿色者，曰琉璃瓦。煎化羊角为盛油与笼烛者，为琉璃碗。合化硝、铅写珠铜线穿合者，为琉璃灯。捏片为琉璃瓶、袋（硝用煎炼上结马牙者）。各色颜料汁，任从点染。凡为灯、珠，皆淮北、齐地人，以其地产硝之故。

凡硝见火还空，其质本无，而黑铅为重质之物。两物假火为媒，硝欲引铅还空，铅欲留硝住世，和同一釜之中，透出光明形象。此乾坤造化，隐现于容易地面。《天工［开物］》卷末，著而出之。

【注释】

①钮结：纽扣。

②夹胎玛瑙：正面看为莹白色，侧面看为血红色的玛瑙。

③截子玛瑙：此种玛瑙为黑白相间。

④锦江玛瑙：含有锦花的红色玛瑙。

⑤浆水玛瑙：含有浅淡水花的玛瑙。

⑥缠丝玛瑙：此种玛瑙带有红白丝纹。

⑦占城：古地名，位于现在的越南中南部。

⑧火齐：这里指水晶珠。